宋艳　张宣峰　于善初 ◎ 著

CHENGSHI GENGXIN SHIJIAOXIADE
CHENGSHI SHEJI TANSUO YU SHIJIAN

城市更新视角下的城市设计探索与实践

辽宁大学出版社 | 沈阳
Liaoning University Press

图书在版编目（CIP）数据

城市更新视角下的城市设计探索与实践/宋艳，张宣峰，于善初著. --沈阳：辽宁大学出版社，2024.6.
ISBN 978-7-5698-1649-5

Ⅰ.TU984

中国国家版本馆 CIP 数据核字第 2024YX9002 号

城市更新视角下的城市设计探索与实践
CHENGSHI GENGXIN SHIJIAO XIA DE CHENGSHI SHEJI TANSUO YU SHIJIAN

出 版 者：	辽宁大学出版社有限责任公司
	（地址：沈阳市皇姑区崇山中路 66 号　邮政编码：110036）
印 刷 者：	沈阳市第二市政建设工程公司印刷厂
发 行 者：	辽宁大学出版社有限责任公司
幅面尺寸：	170mm×240mm
印　　张：	13.5
字　　数：	220 千字
出版时间：	2024 年 6 月第 1 版
印刷时间：	2024 年 7 月第 1 次印刷
责任编辑：	李珊珊
封面设计：	韩　实
责任校对：	郭宇涵

书　　号：	ISBN 978-7-5698-1649-5
定　　价：	78.00 元

联系电话：024-86864613
邮购热线：024-86830665
网　　址：http://press.lnu.edu.cn

前　言

　　随着城市化进程的不断加速，城市更新作为提升城市环境、优化城市功能、提高城市品质的关键手段，已引起社会各界的广泛关注。城市设计作为城市更新的核心环节，其在城市规划与建设中的作用日益显现。本书立足城市更新的视角，深入剖析城市设计的理论与实践，旨在为城市更新工作提供有价值的参考与借鉴。

　　本书首先系统回顾了城市更新和城市设计的理论演进，从内涵、动力机制、特征表现、保留与维护策略以及面临的挑战与机遇等多个维度进行了全面梳理，为后续研究奠定了坚实的理论基础。在此基础上，本书进一步阐释了城市更新中开展城市设计的必要性，强调了城市设计在城市更新中的核心作用及其与城市更新体系的有机融合。其次，本书从城市更新的视角对城市优化进行了深入研究。通过对城市公共空间的布局、社会成本的有效控制、管理模式的创新以及城市规划设计的实践案例剖析，本书揭示了城市更新对于推动城市优化的积极作用。

　　此外，在城市更新视角下的城市设计策略方面，本书提出了提升城市竞争力、重塑人居环境、优化设施系统、传承传统营城智慧以及实现生态城市目标等五大策略，为城市设计的实践操作提供了明确指导。同时，本书还从城市设计的美学追求、城市更新的设计方法、文化遗产保护与城市设计的融合以及数字化技术在生态城市设计中的应用等多个维度进行了深入探讨，为城市设计提供了多元化的思考框架和方法路径。另外，本书对城市更新视角下的城市设计路径进行了系统研究，不仅为城市设计的实践提供了有益的指导，也为城市更新工作提供了深刻的启示。

本书的特色在于紧密结合城市更新的实际需求，多角度、全方位地探讨了城市设计的理论与实践。同时，本书注重理论与实践的相互印证，既有深入的理论剖析，也有生动的实践案例，有助于读者更好地理解和掌握城市设计的精髓。

作　者

2023 年 4 月

目 录

前言 ………………………………………………………………… 1

第一章　城市更新和城市设计理论及发展审视 ………………… 1

 第一节　城市更新和城市设计的内涵与理论 …………………… 1
 第二节　城市更新和城市设计的动力与特征 …………………… 5
 第三节　城市更新和城市设计的保留与维护 …………………… 13
 第四节　城市更新和城市设计的挑战与机遇 …………………… 17

第二章　城市更新中开展城市设计的意义 ……………………… 20

 第一节　城市设计的作用和价值 ………………………………… 20
 第二节　城市更新中城市设计重要作用分析 …………………… 22
 第三节　城市更新与城市设计体系融合 ………………………… 25
 第四节　城市设计对于城市更新的重要意义 …………………… 27

第三章　城市更新视角下的城市优化 …………………………… 31

 第一节　城市更新中的城市公共品分析 ………………………… 31
 第二节　城市更新中的社会成本及控制 ………………………… 35
 第三节　城市更新的关键及其管理优化 ………………………… 45
 第四节　城市更新视角下的城市规划设计 ……………………… 46

第四章 城市更新视角下的城市设计策略 87

第一节 提高城市的竞争力，促进城市产业发展 87
第二节 重塑城市人居环境，提升城市空间品质 94
第三节 梳理城市设施系统，优化城市服务功能 97
第四节 弘扬传统营城理念，传承城市历史文脉 99
第五节 明确生态城市目标，实现城市有机更新 102

第五章 城市更新视角下的城市设计 105

第一节 城市设计及其设计美学 105
第二节 城市更新及其城市设计方法探究 134
第三节 基于文化遗产保护的城市设计方法 148
第四节 数字化生态城市设计在城市更新中的运用 156

第六章 城市更新视角下的城市设计路径研究 161

第一节 城市更新中的城市设计路径探索 161
第二节 城市更新视角下的低碳生态城市设计 169
第三节 城市更新视角下的决策机制 182
第四节 城市更新视角下的遗产保护利用 202

第七章 城市更新视角下的城市设计实践 205

参考文献 208

第一章　城市更新和城市设计理论及发展审视

第一节　城市更新和城市设计的内涵与理论

一、城市更新的内涵与理论

随着城市化进程的加速，城市更新已成为当代城市规划与发展的重要议题。城市更新不仅关乎城市的物质空间建设，更涉及城市社会、经济、文化等多个层面的发展。以下从多个角度深入探讨城市更新的内涵与理论。

(一) 城市更新的内涵

城市更新，顾名思义，是指对城市旧有区域进行改造、更新和升级的过程，这一过程旨在改善城市居民的居住环境，提升城市整体形象，促进城市可持续发展。城市更新的内涵十分丰富，包括以下几个方面：

第一，物质空间更新。物质空间更新是城市更新的重要组成部分。这包括对老旧建筑、街道、公共设施等进行改造和升级，以及对城市绿化、交通、环境等方面的改善，这些举措不仅能够提升城市的美观度，还能够提高城市居民的生活质量。

第二，社会更新。社会更新是指通过城市更新项目，改善城市居民的社会结构、人际关系和生活方式。这包括为低收入家庭提供适宜的住房条件，改善社区环境，增强社区凝聚力，等等。社会更新的目标是创造一个更加和谐、包容和宜居的城市环境。

第三，经济更新。经济更新是指通过城市更新项目，推动城市经济发展和产业升级。这包括吸引投资、促进就业、提高土地利用效率等。经济更新的目标是实现城市经济的可持续发展，为城市居民创造更多的就业机会和财富。

第四，文化更新。文化更新是指通过城市更新项目，保护和传承城市的历史文化遗产，促进城市文化的多元和繁荣。这包括修复历史建筑、保护传统手工艺、发展文化创意产业等。文化更新的目标是弘扬城市的历史文化底蕴，提升城市的文化软实力。

（二）城市更新的理论

城市更新的理论是指导城市更新实践的重要基础。以下探讨具有代表性的城市更新理论：

第一，综合开发理论。综合开发理论强调城市更新的整体性和综合性。它认为城市更新应该综合考虑城市的社会、经济、文化等多个方面，实现城市整体效益的最大化。综合开发理论主张通过政府、市场和社会等多方参与，形成合力推动城市更新。

第二，社区参与理论。社区参与理论强调城市更新过程中的社区参与和民主决策。同时，城市更新应该尊重社区居民的意愿和需求，充分发挥社区居民的积极性和创造力。社区参与理论主张通过建立社区组织、开展公众参与活动等方式，促进社区居民对城市更新项目的参与和支持。

第三，历史保护理论。历史保护理论强调城市更新过程中对历史文化遗产的保护和传承。此外，城市的历史文化遗产是城市的重要组成部分，应该得到充分的保护和利用。历史保护理论主张通过修复历史建筑、保护传统手工艺等方式，传承城市的历史文化，提升城市的文化品质。

二、城市设计的内涵与理论

（一）城市设计的内涵

1. 城市设计的概念界定

城市设计研究涉及多个领域，其涵盖范围广泛。因此，其定义相对宽泛且不确定。不同的研究和定义关注城市设计的不同层面，这有助于人们深入理解不同尺度的城市设计实践。对于城市设计的概念和内涵，存在多种论述。简而言之，这些论述通常从技术和社会两个层面进行描述，具体如下：

(1) 技术层面的概念界定

第一，《大不列颠百科全书》一书中有：城市设计是对城市环境形态所做的各种合理安排和艺术处理，通常有三种不同的工作对象：工程项目设计、系统设计、城市或区域设计。

第二，E.D·培根的《城市设计》中有：城市设计主要考虑建筑周围或建筑之间的空间，包括相应的要素或地形所形成的三维空间的规划布局和设计。

第三，M.索斯沃斯的《当代城市设计的理论和实践》一书中有：城市设计是侧重环境分析、设计和管理的城市规划学分支，并且注重建筑物的自身特性，它在使用者如何感知、评价和使用场所等方面，能够满足各使用者阶层的不同要求。

第四，中国大百科全书总编辑委员会的《中国大百科全书》中有：城市设计是对城市形体环境所进行的设计，城市设计的任务是为人们各种活动创造出具有一定空间形式的物质环境。内容包括各种建筑、市政公用设施、园林绿化等方面，必须综合体现社会、经济、城市功能、审美等各方面的要求。

(2) 社会层面的概念界定

第一，城市设计本身不只是形体空间设计，而是一个城市塑造的过程，是一连串每天都在进行决策制定的产物；是作为公共政策的连续决策过程。

第二，城市设计是一种有计划的演进过程，使用物质规划和设计技巧，结合对社会经济要素的研究，以一种进化的方式来达到城市形式的必要变化。

第三，我国国标《城市规划基本术语标准》(GB/T50280－98) 中对城市设计的定义为：对城市体型和空间环境所做的整体构思和安排，贯穿于城市规划的全过程。

2. 城市设计的主要分类

城市设计是一门涵盖多个领域的综合性学科，旨在优化城市的物质环境和社会空间结构。根据设计目标和实施策略的不同，城市设计可以分为以下几种类型：

（1）开发型城市设计：这种设计类型主要关注城市中大面积的街区和建筑开发，包括建筑和交通设施的综合开发，城市中心开发建设以及新城开发建设等大尺度的发展计划。开发型城市设计的核心在于维护城市环境的整体性和公共利益，同时提高市民生活的空间品质。例如，在规划新城区时，设计师会综合考虑交通、绿化、公共设施等多个方面，以确保新城区不仅能够满足居民的居住需求，还能提供一个安全、便捷、舒适的生活环境。

（2）保存与更新型城市设计：这种设计类型通常与具有历史文脉和场所意义的城市地段相关，强调城市物质环境建设的内涵和品质。根据城市不同地段所需要保护与更新的内容不同，保存与更新型城市设计又可以分为历史街区、老工业区、棚户区等具体项目。每个项目都有其独特的问题和挑战，需要具体项目具体分析，因地制宜地解决问题。例如，在历史街区的保护和更新中，设计师需要在尊重历史的基础上，引入现代设计元素和理念，使历史街区焕发新的活力。

（3）社区型城市设计：这种设计类型主要关注居住社区的城市设计，从居民的切身需求出发，营造良好的社区环境，实现社区的文化价值。社区型城市设计强调人与环境的互动关系，注重营造有归属感、有活力的社区氛围。例如，在住宅区的规划中，设计师会考虑居民的出行、休闲、娱乐等多个方面，进而打造出一个宜居、宜游的社区环境。

（二）城市设计的理论

城市设计的理论是指导城市设计实践的重要基础，主要包括以下几方面：

第一，可持续发展理论。可持续发展理论是城市设计中的重要理论之一，它强调在城市设计中要考虑到环境、经济和社会三个方面的可持续性。在城市设计中，需要采用生态友好的建筑材料和能源利用方式，推动城市的绿色发展；同时，也需要关注城市的经济和社会发展，提高城市的整体竞争力。

第二，人文关怀理论。人文关怀理论是城市设计中的另一个重要理论，它强调在城市设计中要关注人的需求和感受。城市设计需要考虑到城市居民的生活和工作需求，为他们创造更加舒适、便捷的城市环境。

第三，系统性思维理论。系统性思维理论是城市设计中的基础理论之一，它强调在城市设计中要采用整体性和系统性的思维方式。城市是一个复杂的系统，各个部分之间相互关联、相互影响。在城市设计中，需要综合考虑城市内部的各个因素，采用系统性的设计方法和手段，确保城市设计的整体性和协调性。

第二节　城市更新和城市设计的动力与特征

一、城市更新的动力与特征

（一）城市更新的动力

城市是社会经济发展到一定阶段的产物，它标志着社会的进步和人类文明程度的提升。但城市也有一个从产生、发展到衰败的过程，其许多方面也面临着保留与被淘汰的抉择。社会发展到今天，城市已经成为高度综合的、多功能的人类活动的有机整体，在推动国家和社会的进步中起着主导作用。也正因为城市系统的高度复杂性，城市发展远远跟不上社会发展和需求扩张的速度，当这一差距逐步扩大到一定程度时，便出现了一系列所谓的标志衰败的"城市问题"，如住房建筑物老化、交通堵塞、环境污染严重、失业率高、社会治安混乱、企业外迁、人员外流等。当城市不能满足社会及居民的正常需求时，城市更新便成为必要。为此，必须疏通城市发展瓶颈，提升城市的竞争力，进行必不可少的城市更新。因此，以下分别从不同方面、不同角度和不同要求积极推进城市更新。

1. 开发商的投资与经营

"城市更新为开发商提供了巨大的市场和商机,开发商因此趋之若鹜,其为之筹集提供资金的作用和贡献也是巨大的"[①]。开发商作为"经济人",其本质在于追求经济利益,他们在城市更新中所投入的巨额资金并非出于公益之心,而是受到趋利性本能的驱动。作为城市之外的最大经济利益受益者,开发商在城市更新过程中的角色和地位不容忽视。

城市更新的资金来源主要依赖于市场。城市更新为开发商提供了市场机会,而开发商在获取市场的同时,也为城市更新筹集了大量的建设资金。因此,成功的开发商投资成为连接市场与城市更新的关键桥梁。

在城市更新项目中,开发商普遍更倾向于拆除重建模式。这种开发模式有助于加快城市住房、基础设施等硬件的更新速度,使城市面貌焕然一新。然而,该模式也可能对历史文化遗产和城市特色造成严重的破坏。此外,拆除重建模式通常涉及大规模的拆迁工作,并可能引发与拆迁建筑物相关的赔偿问题。因此,开发商的投入主要分为两个方面:一是建设成本,包括材料、人力等支出;二是补偿支出,主要用于对拆迁户的补偿。

2. 城市居民、专业团体与民间组织的参与

随着全球城市化进程的加快,城市更新作为优化城市功能、提升城市品质、改善居民生活环境的重要手段,已成为现代城市发展的关键环节。在这一复杂而多维的进程中,城市居民、专业团体与民间组织的参与,不仅彰显了城市社会的多元活力,也对于推动城市更新项目的顺利进行、实现城市可持续发展具有深远影响。

(1) 城市居民作为城市更新的直接受益者和利益相关者,其参与城市更新的意识与行动日益显著。随着市民受教育程度的提高和主体意识的觉醒,他们开始对城市环境和居住条件提出更高的要求,对于城市结构失衡、功能老化等问题有了更为深刻的认知。这种觉醒并非单纯的抱怨与不满,而是转化成了积极的参与和行动。当城市更新议题触及市民的切身利益时,他们不

---

① 关伟锋. 城市更新与街景营造 [M]. 北京:北京工业大学出版社,2021:16.

再被动地接受，而是通过各种渠道和方式表达自己的诉求，要求城市进行必要的更新与改造。城市居民的这种积极参与，对城市更新产生了深远的影响。一方面，市民的诉求和意见为城市更新项目的启动提供了重要的参考依据。政府和相关机构在决策时，必须充分考虑到市民的实际需求和意愿，这使得城市更新项目更具针对性和实效性。另一方面，市民的参与也在一定程度上影响了城市更新规划的制定。通过市民的反馈和建议，规划者能够更准确地把握城市发展的脉搏，使城市更新规划更加符合市民的实际需求，实现城市规划的民主化和科学化。

（2）专业团体在城市更新中也扮演着不可或缺的角色。这些专业团体通常由城市规划师、建筑师、工程师等构成，他们具备深厚的专业理论知识和丰富的实践经验，能够为城市更新提供科学的规划和设计建议。在城市更新项目中，专业团体的参与确保了项目的专业性和科学性，避免了因缺乏专业知识而导致的决策失误和资源浪费。专业团体的作用不仅体现在规划设计阶段，还贯穿于城市更新的整个过程。他们通过专业的技术支持和咨询服务，帮助政府和相关机构解决城市更新中遇到的技术难题，提升城市更新的质量和效益。同时，专业团体还通过学术研究和技术创新，为城市更新提供新的思路和方法，推动城市更新的持续进步和发展。

（3）民间组织作为城市社会力量的重要组成部分，也在城市更新中发挥着不可替代的作用。这些民间组织包括社区组织、环保组织、文化保护组织等，它们代表着不同群体的利益诉求，为城市更新提供了多元化的视角和建议。民间组织的参与使得城市更新不再是一个单纯由政府主导的过程，而是一个多元主体共同参与、共同决策的过程。它们通过组织各种活动，如社区会议、听证会等，让市民更深入地了解城市更新项目，表达自己的意见和建议。同时，民间组织还通过媒体宣传、网络发声等方式，扩大城市更新的社会影响力，引导更多市民关注和参与城市更新。

民间组织的参与还促进了城市更新与社会发展的良性互动。它们关注城市发展中的各种问题，如环境保护、文化遗产保护等，并通过自己的行动和倡导，推动政府和相关机构更加重视这些问题。这种互动不仅有助于解决城市发展中的实际问题,还有助于提升市民的城市意识和社会责任感。

(二)城市更新的特征

1. 城市更新理论与城市更新实践推进创新

(1)作为城市发展的一种形式,城市更新表现为城市发展的一种实践活动。"城市更新是对于功能残缺和老化的市区进行的改造,包括棚户区的改造、城市基础设施的改善、环境的治理、城市居民生活水平的提高等方面,这一系列的活动势必要求相关主体投入大量的人力、物力、财力,制定相关规划"[①]。这些工作都是实实在在的,其进步成果是看得见,摸得着的,但其负面影响和诸多失误也是显而易见的,并对城市的发展产生了实际的影响。

(2)城市更新也表现为一种理论创新。随着城市化的快速发展,传统的城市规划和管理模式已经无法满足现代城市的需求,城市更新成为解决城市发展问题的重要途径。在这一过程中,产生了一系列的城市更新理论,这些理论不仅为城市更新的实践提供了指导,同时也推动了城市更新理论的进一步发展。首先,城市更新理论的出现,是对传统城市规划和管理模式的一种反思和超越。传统的城市规划往往注重城市的物质形态和空间布局,而忽略了城市的社会、文化和经济等多个方面的发展需求。城市更新理论则强调在城市规划和管理中,要综合考虑城市的社会、文化、经济等多个方面的发展需求,注重城市的可持续发展和人的全面发展。这种理论的出现,为城市更新提供了更加全面和科学的指导,推动了城市更新实践的深入发展。其次,城市更新理论的发展,也促进了城市更新实践的不断创新。在城市更新的过程中,不同的城市面临着不同的问题和挑战,需要采用不同的策略和措施。最后,城市更新理论的发展,也推动了城市更新领域的学术研究和人才培养。城市更新作为一个跨学科的研究领域,涉及城市规划、建筑学、社会学、经济学等多个学科的知识。城市更新理论的发展,为这些学科的交叉融合提供了更加广阔的平台和机会,推动了城市更新领域的学术研究和人才培

---

① 姜杰,张晓峰,宋立恭. 城市更新与中国实践[M]. 济南:山东大学出版社,2013:16.

养。同时,城市更新实践的不断深入和发展,也为城市更新领域的学术研究提供了更加丰富的实践案例和数据支持,推动了城市更新理论的进一步发展和完善。

2. 城市更新的多元化方式

城市更新是一个复杂而多元的过程,它涉及城市的各个方面,包括经济、社会、文化、环境等。在这个过程中,主要有三种方式:重建、改善和修建、保护。每种方式都有其独特的优点和适用条件,需要根据具体情况进行选择。

(1)重建是对城市原有的结构布局进行全面改造,拆除陈旧的建筑,重新进行规划与设计,进而展开新的建设活动。这种方式可以带来显著的变革力度和创新性,能够改善城市的基础设施和居住环境,提高城市的品质和竞争力。然而,重建需要庞大的资金支持,实施过程相对缓慢,而且常常面临着来自社会各界的强大阻力。因此,在进行重建时,需要充分考虑社会各方面的利益和需求,平衡各方利益,避免引发社会矛盾和冲突。

(2)改善和修建是对比较完整的城市进行局部改造,剔除不适应城市发展的方面,增加新内容,弥补旧有城建缺陷,改建、完善、扩大和增添原有设施的功能,以满足不断出现的各种新需求。这种方式相对于重建来说,变化幅度较小,所需资金也相对较少。通过改善和修建,可以在保持城市原有风貌的基础上,增加城市的活力和吸引力,提高居民的生活质量和幸福感。同时,这种方式还可以最大限度地缩小拆迁安置的困扰等,实现城市发展与地方文脉保护的完美结合。

(3)保护是对那些具有良好状态、功能健全的旧城或历史地段、城市文物与名胜古迹、特色建筑等采取维护措施,以延缓或停止其功能或形态的恶化。保护是城市更新中的一种预防性措施,它强调对历史文化遗产的保护和传承,保持城市的独特性和多样性。通过保护,可以保留城市的历史记忆和文化底蕴,为城市的可持续发展提供坚实的基础。同时,保护还可以促进城市的文化旅游和创意产业发展,为城市的经济增长注入新的动力。

3. 系统性特征

城市更新是一项宏大且复杂的系统工程，它不仅涉及城市硬件的改善，如住房条件和基础设施的升级，还包括城市产业结构的调整和优化，以及城市社会原有邻里关系的重塑。这一过程涵盖了城市的各个利益主体和行业方面，展现出系统性的显著特征。

（1）从城市硬件的角度看，城市更新是一个庞大的物质系统的延展和提升。在这个过程中，旧有的建筑物和设施得到改造或重建，新的住房、交通、能源、通信等基础设施不断建设和完善。这些硬件的改善不仅提升了城市的物质形态，也为城市的可持续发展奠定了坚实的基础。

（2）城市更新也是一个庞大的社会系统的进化。在这一过程中，城市的社会结构、邻里关系、文化传统等都会发生深刻的变化。城市更新不仅要求改善居民的生活条件，还要关注社会公平和可持续发展，确保各利益主体在城市更新中的权益得到保障。同时，城市更新还需要促进社区凝聚力和归属感的提升，维护城市的和谐稳定。

（3）城市更新还涉及特色产业体系的调整和优化。随着城市的发展，一些传统产业可能会逐渐衰退，而新兴产业则会崛起。城市更新需要顺应这一趋势，通过产业结构调整和优化，促进城市的产业转型升级。这不仅有助于提升城市的经济实力和竞争力，也有助于为居民提供更多的就业机会和创业空间。

从长远来看，城市更新是城市整个物质形态的进化完善，也是城市文化和历史的延续维护。城市更新不仅要关注物质层面的改善，还要注重文化和历史的传承。通过保护和挖掘城市的历史文化遗产，弘扬城市的文化特色，可以增强城市的软实力和吸引力，促进城市的可持续发展。

4. 动态性特征

城市更新作为城市发展的重要组成部分，呈现出鲜明的动态性特征。这种动态性不仅体现在城市更新在不同时期被赋予了不同的内容，更在于其与社会进步、物质技术进步、经济发展以及城市历史延续之间的紧密联系。

（1）城市更新的动态性源于人类社会的不断进步。随着人类社会的发展,城市的功能、形态和结构都在不断地发生变化。古代的城市主要以防御和贸易等为主,而现代城市则更加注重居住、商业、文化和娱乐等多方面的功能,这种社会进步不仅推动了城市更新,还使得城市更新的内容和方向更加多元化。

(2) 物质技术的进步对城市更新的动态性产生了深远的影响。随着科技的不断进步,建筑材料、建筑技术、交通方式等都发生了巨大的变化。这些变化不仅使得城市更新的手段更加先进,还使得城市更新的效果更加显著。例如,现代建筑技术可以实现更高的建筑高度、更复杂的建筑形态,为城市带来了更加丰富的天际线和城市景观。

(3) 经济发展是城市更新动态性的重要推动力。随着经济的发展,城市的产业结构、人口结构、消费结构等都发生了深刻的变化。这些变化不仅推动了城市更新的需求,还使得城市更新的目标更加明确。例如,随着经济的发展,城市中的老旧工业区逐渐失去了竞争力,需要通过城市更新来转型升级为现代服务业或高新技术产业区。

(4) 城市更新的动态性还体现在对城市历史的延续上。城市是人类文明的载体,每一座城市都有其独特的历史和文化。在城市更新的过程中,如何保护和传承城市的历史文化,是每一个城市都需要面对的问题。通过保护和修复历史建筑、挖掘和传承城市文化、打造具有地方特色的城市景观等方式,城市更新可以在推动城市发展的同时,实现对城市历史的延续和传承。

二、城市设计的动力与特征

(一) 城市设计的动力

城市设计,作为塑造我们生活空间的重要手段,其背后的推动力是多元且复杂的。城市设计不仅关乎美学和功能性,更涉及社会、经济、文化和环境等多个层面。

第一,经济发展。随着全球化和城市化的加速推进,城市需要不断适应新的经济形态和市场需求。例如,高新技术的崛起促使城市需要设计出更多的科技园区和创新中心,以吸引和培养高科技人才。同时,随着服务业的崛起，城市中心区逐渐转型为商业和娱乐中心，这也对城市设计提出了新的要求。

第二，社会变迁。随着人口结构的变化，如老龄化趋势的加剧，城市设计需要更多地考虑老年人的居住需求和活动空间。此外，随着人们对生活品质的追求不断提高，城市设计也需要更加注重人性化、绿色化和智能化，以满足人们对美好生活的向往。

第三，文化因素。每个城市都有其独特的历史和文化底蕴，这些元素应当被巧妙地融入城市设计中，使城市既具有现代感又不失其历史韵味。例如，一些城市通过保护和修复历史建筑，打造文化街区，既保留了城市的历史记忆，又吸引了大量游客，推动了城市的文化旅游产业发展。

第四，环境因素。随着全球气候变化的日益严重，城市设计需要更加注重生态环保和可持续发展。例如，通过设计绿色交通系统、推广绿色建筑和构建生态公园等措施，可以有效减少城市的碳排放，提高城市的生态环境质量。

(二) 城市设计的特征

城市设计不仅关注城市的物质空间形态，还注重城市的社会、经济、文化等多个层面的协调发展。

第一，城市设计具有综合性。城市设计需要综合考虑各种因素，如地形、气候、文化、历史等。城市设计师需要运用多学科知识，从整体上把握城市的发展方向和特色，确保城市的各个部分能够和谐统一，形成一个完整的城市形象。

第二，城市设计具有前瞻性。城市设计不仅要满足当前的需求，还要考虑到未来的发展趋势。设计师需要预测未来城市的人口增长、经济发展、社会变化等因素，从而制定出符合未来发展方向的城市规划方案。这种前瞻性使得城市设计能够引领城市的发展，为城市的可持续发展奠定基础。

第三，城市设计具有文化性。城市是文化的载体，城市设计需要尊重和保护城市的文化传统和历史遗产。设计师需要深入研究城市的历史文化背景，挖掘城市的独特魅力，将传统文化元素融入城市设计中，使城市在发展中保持其独特的文化特色。

第四，城市设计还具有生态性。随着人们环境保护意识的提高，城市设计也越来越注重生态可持续发展。设计师需要充分考虑城市的自然环境、生态系统等因素，采用绿色、低碳的设计理念，推动城市的绿色发展和生态文明建设。

第五，城市设计还具有参与性。城市设计不仅是设计师的工作，还需要公众的参与和支持。设计师需要与公众进行充分的沟通和交流，了解公众的需求和意愿，确保城市设计方案能够得到公众的认可和支持。公众的参与不仅能够增强城市设计的民主性和透明度，还能够促进城市设计的顺利实施。

第三节　城市更新和城市设计的保留与维护

一、城市更新的保留与维护

(一) 城市更新的保留

随着城市化的快速推进，城市更新成为不可避免的趋势。在这个过程中，保留历史建筑和文化遗产成为备受关注的话题。如何在城市更新的同时保留历史文化遗产，成为城市规划者和建筑师们需要思考的重要问题。

第一，保留历史建筑和文化遗产对于城市的文化传承至关重要。城市的历史建筑和文化遗产是城市历史和文化的重要载体，它们承载着城市的记忆和文化底蕴。如果这些建筑和文化遗产被拆除或忽视，城市的文化传承就会中断，城市的独特性和魅力也会逐渐消失。因此，在城市更新的过程中，保留历史建筑和文化遗产是非常必要的。

第二，保留历史建筑和文化遗产有助于提升城市的文化品质。城市的文化品质是一个城市的综合竞争力的重要体现，它影响着城市的吸引力、影响力和凝聚力。保留历史建筑和文化遗产可以增加城市的文化底蕴和文化氛围，让城市更加具有吸引力和竞争力。同时，这些建筑和文化遗产也可以成为城市的标志性建筑，吸引更多的游客和投资者前来。

第三，保留历史建筑和文化遗产并不意味着要完全保留旧有的城市形态。在城市更新的过程中，要综合考虑城市的历史、文化、经济和社会等多方面的因素，制定出合理的城市更新规划。在这个过程中，可以通过保护和修复历史建筑和文化遗产，同时引入现代化的城市设施和服务，让城市更加宜居、宜业和宜游。

第四，保留历史建筑和文化遗产也需要注重可持续性和环境保护。在保护和修复历史建筑和文化遗产的过程中，可以采用可持续性的技术和方法，减少对环境的破坏和污染。同时，要注重对历史建筑和文化遗产的维护和保养，确保它们能够长期保存下来。

(二) 城市更新的维护

城市更新的维护不仅仅是对城市历史文化遗产的保护，更是对城市生活品质的提升和城市可持续发展的保障。

第一，城市更新的维护有助于保护城市的历史文化遗产。每一座城市都有其独特的文化记忆和历史印记，这些遗产是城市不可或缺的重要组成部分。在城市更新的过程中，通过合理的规划和设计，可以保留这些历史文化遗产，让城市的过去与未来相互交融，为市民和游客提供一个富有文化底蕴的城市环境。

第二，城市更新的维护有助于提高城市的生活品质。在快速发展的城市中，市民对于生活品质的要求也越来越高。通过城市更新的维护，可以改善城市的基础设施，提升城市的绿化水平，打造宜居的城市环境。这样的城市不仅能够满足市民的居住需求，还能吸引更多的人才和资源，促进城市的繁荣和发展。

第三，城市更新的维护对于城市的可持续发展至关重要。城市的可持续发展不仅仅包括经济的增长，更包括环境的保护和社会的和谐。在城市更新的过程中，注重维护城市的生态环境和社会和谐，可以实现城市的经济、社会和环境三个方面的协调发展。

二、城市设计的保留与维护

(一) 城市设计的保留

城市设计的保留，不仅是对历史文化的尊重，更是对城市发展规律的遵循。一个城市的历史建筑、文化景观和特色街区，是城市记忆的重要载体，它们见证了城市的成长和变迁，承载着城市居民的情感和记忆。因此，在城市设计过程中，必须充分考虑到这些历史文化遗产的保留和传承。然而，城市设计的保留并不意味着一成不变地维护旧有的城市形态。反之，它需要在保留历史文化的基础上，进行创新和提升，这包括对传统建筑风格的传承和发扬，对现代城市功能的融合和拓展，以及对城市生态环境的保护和改善。只有这样，才能在保留城市历史的同时，实现城市的可持续发展。

为了实现城市设计的保留，需要采取一系列措施。首先，政策制定者应该加强对历史文化遗产的保护力度，制定更加严格的保护政策和法规；其次，还需要加强城市居民的参与意识，让他们成为城市设计的参与者和受益者。

在实际操作中，许多城市已经开始了城市设计的保留实践。例如，中国的北京、上海等城市在保留历史文化的同时，实现了城市的现代化发展。这些城市通过保护和修缮历史建筑、建设特色街区、提升城市生态环境等措施，让城市的历史和文化得以传承和发扬。同时，这些城市也吸引了大量游客和投资者，成为国内外知名的旅游和商业中心。

(二) 城市设计的维护

1. 城市设计的维护意义

城市设计的维护对于城市的可持续发展具有重要意义。首先，良好的城市设计能够提升城市的整体形象，吸引更多的投资和人才。其次，合理的城市设计能够优化城市空间布局，提高城市运行效率，降低资源消耗和环境污染。可见，"城市设计与城市空间的环境品质密切相关。环境品质的好坏反映了一个城市的社会和经济状况,也反映了一个城市的建设管理水平是否科学合理"①。最后,城市设计的维护有助于保护和传承城市的历史文化,增强城市的凝聚力和归属感。

2. 城市设计的维护内容

(1) 基础设施的维护。城市基础设施是城市设计的重要组成部分,包括道路、桥梁、隧道、排水系统等,这些设施的维护对于保障城市正常运行至关重要。例如,定期对道路进行修复和养护,确保交通畅通无阻;对排水系统进行定期检查和清理,防止洪涝灾害的发生。

(2) 公共空间的维护。公共空间是城市设计中不可或缺的元素,包括广场、公园、绿地等,这些空间的维护不仅能够提升市民的生活质量,还能促进社区交流和文化传承。例如,定期对公园进行绿化和景观改造,为市民提供优美的休闲场所;对广场进行功能优化和设施更新,满足市民的多样化需求。

(3) 建筑风貌的维护。建筑是城市设计的重要载体,其风貌的维护对于保护城市特色具有重要意义,这包括对历史建筑的保护和修缮,以及对新建建筑的风格控制和引导。例如,对历史建筑进行保护和修缮,传承城市的历史文化;对新建建筑进行严格的风貌控制,确保城市整体的建筑风格协调统一。

3. 城市设计的维护策略

(1) 制定完善的维护规划。城市设计的维护需要制定详细的规划,明确维护的目标、任务和措施。同时,可以根据城市的实际情况和发展需求,制定出具有可操作性的维护规划。

(2) 加强法规制度建设。法规制度在城市设计维护中占据重要地位,是确保城市设计工作规范有序、城市环境整洁美观的重要保障。为了有效维护城市设计的品质与形象,我们必须明确城市设计的维护标准和要求,同时加大对违法行为的处罚力度,以确保城市设计的维护工作在法律的框架内有序

---

① 王建国. 城市设计 [M]. 北京:中国建筑工业出版社,2009:6.

进行，遵循明确的规章制度。

（3）引入市场机制。市场机制能够有效推动城市设计的维护工作。政府可以通过政策引导和市场运营，吸引社会资本参与城市设计的维护工作。例如，鼓励企业投资参与公共空间的改造和提升项目，推动城市设计的持续更新和发展。

（4）倡导公众参与。公众参与是城市设计维护的重要力量。首先要积极开展公众教育和宣传活动，提高市民对城市设计维护的认识和参与度。其次可以建立公众参与平台和机制，鼓励市民对城市设计的维护提出意见和建议，形成政府、企业和市民共同参与的良好局面。

第四节　城市更新和城市设计的挑战与机遇

一、城市更新的挑战与机遇

（一）城市更新的挑战

第一，资金压力。城市更新涉及大量资金投入，包括土地购买、拆迁补偿、基础设施建设等方面。此外，私人投资者在面临高风险时，也可能望而却步，导致项目难以推进。

第二，社会矛盾。在城市更新过程中，拆迁、安置等问题容易引发社会矛盾。一方面，部分居民对拆迁补偿不满意，导致项目受阻；另一方面，城市更新可能加剧社会阶层分化，使得部分居民面临生活压力。

第三，文化传承与保护。在城市更新过程中，如何在保护历史文化遗产的同时，实现城市的现代化发展，成为一个重要的问题。如何在发展与保护之间找到平衡点，既能满足现代生活需求，又能保留城市的历史记忆，是一个亟待解决的难题。

（二）城市更新的机遇

第一，经济发展。城市更新可以带动经济发展，提升城市竞争力。通过改善基础设施、优化产业结构、吸引投资等方式，城市更新为城市经济发展注入了新的活力。同时，城市更新还可以促进就业，提高居民生活水平。

第二，社会进步。城市更新有助于改善居民的生活环境和质量，提高城市的整体品质。通过改善交通、环境、文化设施等方面，城市更新为居民提供了更加便捷、舒适的生活条件。此外，城市更新还可以促进社区建设，增强社区凝聚力。

第三，可持续发展。城市更新是实现城市可持续发展的重要途径。通过合理规划、绿色建设、节能减排等方式，城市更新可以降低资源消耗、减少环境污染，为城市的可持续发展奠定基础。同时，城市更新还可以促进城市空间结构的优化，提高城市的生态宜居性。

二、城市设计的挑战与机遇

随着城市化进程的加速，城市设计正面临着前所未有的挑战与机遇。作为塑造城市面貌、提升城市品质的重要手段，城市设计不仅关乎着居民的生活质量，还直接影响着城市的可持续发展。因此，深入探讨城市设计的挑战与机遇，对于推动城市的和谐发展与进步具有重要意义。

（一）城市设计的挑战

第一，城市规划的复杂性。城市设计需要综合考虑城市规划、建筑设计、景观设计、交通规划等多个方面，以实现城市的整体协调发展。然而，这些领域之间的交叉与融合，使得城市设计的规划过程变得较为复杂。

第二，历史文化遗产的保护。城市设计需要在保护历史文化遗产的基础上，实现城市的现代化发展。然而，如何在保留传统风貌的同时，满足现代城市的功能需求，是城市设计面临的一大挑战。此外，随着城市化的推进，许多历史文化遗产面临着被破坏的风险，这也为城市设计带来了额外的压力。

第三，生态环境的影响。城市设计需要充分考虑生态环境的影响，以实现城市的绿色可持续发展。然而，随着城市规模的不断扩大，生态环境问题日益凸显。如何在保持城市经济发展的同时，降低对生态环境的负面影响，是城市设计亟待解决的问题。

(二) 城市设计的机遇

第一,科技创新的推动。随着科技的不断发展,城市设计迎来了前所未有的机遇。例如,大数据、人工智能等技术的应用,为城市设计提供了更加精准的数据支持和智能化的设计手段。这些技术的应用,不仅提高了城市设计的效率和质量,还为城市设计带来了更多的创新可能。

第二,可持续发展理念的普及。随着全球环境问题的日益严重,可持续发展理念逐渐深入人心,这为城市设计提供了更加明确的发展方向和目标。城市设计需要充分考虑资源利用、环境保护等方面的因素,以实现城市的绿色、低碳、循环发展。在这个过程中,城市设计将成为推动城市可持续发展的重要力量。

第三,社会需求的多样化。随着城市居民生活水平的提高,社会需求呈现出多样化的趋势。这为城市设计提供了更多的发展空间和创新机遇。城市设计需要密切关注居民的需求变化,以满足不同群体的需求为导向,打造更加宜居、便捷、充满活力的城市空间。同时,城市设计还需要关注城市的包容性和多元文化融合,以促进社会的和谐与发展。

第二章　城市更新中开展城市设计的意义

第一节　城市设计的作用和价值

一、城市设计的作用

"城市设计是指在城市发展计划中物质空间层面上的介入（干预）过程，它应涉及建筑城市构筑物（工厂、道路、桥梁、水塔、电视塔等），建筑与建筑之间的空间，以及存在于城市空间中的其他各种物质要素，大致城市格局、整体形态、组织肌理、自然环境、土地利用，小至公共空间（街道、广场、公共绿地）、街区、建筑、城市街道设施及城市家具等"[①]。城市设计不仅关乎建筑美学，更涉及社会、经济、文化等多个领域的综合考量。

第一，城市设计在塑造城市形象方面发挥着至关重要的作用。一个城市的形象是其文化、历史、发展水平的综合体现。通过城市设计，我们可以将城市的特色、文化元素巧妙地融入建筑、景观和公共空间的设计中，从而打造出独具特色的城市风貌。例如，巴黎的埃菲尔铁塔、纽约的自由女神像等标志性建筑，都成为各自城市的象征，为城市增添了无尽的魅力。

第二，城市设计对于优化城市空间布局具有深远的影响。在城市化进程不断加速的今天，如何合理规划城市空间，提高土地利用效率，成为亟待解

---

① 钟鑫. 当代城市设计理论及创作方法研究［M］. 郑州：黄河水利出版社，2019：3.

决的问题。城市设计通过对土地利用、交通组织、绿化配置等方面的综合考量，为城市空间的优化提供了有力的支持。例如，新加坡通过城市设计，将城市划分为多个功能区域，实现了城市空间的高效利用和有序发展。

第三，城市设计在提升城市品质方面也发挥着不可或缺的作用。一个高品质的城市不仅要有优美的环境，更要有良好的居住体验。城市设计通过关注人的需求，从人的角度出发，打造出舒适、便捷、安全的城市环境。例如，丹麦哥本哈根的城市设计注重步行和骑行的友好性，为市民提供了舒适便捷的出行体验。

二、城市设计的价值

城市设计[①]不仅关乎建筑美学，更与人们的生活质量、城市可持续发展以及社会和谐息息相关。以下深入探讨城市设计的价值：

第一，塑造城市形象。城市设计通过合理的空间布局、建筑风格的选择以及绿化景观的营造，塑造出独特的城市形象，这种形象不仅代表着城市的历史文化和地域特色，也是城市吸引力和竞争力的体现。例如，巴黎的埃菲尔铁塔、纽约的自由女神像等都是城市设计的杰作，成为城市的标志性建筑，吸引着无数游客前来参观。

第二，提升居民生活质量。城市设计关注居民的生活需求，通过优化交通流线、增加公共空间、改善居住环境等措施，提升居民的生活质量。良好的城市设计能够使居民享受到便捷、舒适、安全的城市生活。例如，新加坡的城市设计注重绿化和公共空间的建设，为居民提供了良好的休闲和娱乐场所，使得城市生活更加宜居。

第三，促进城市可持续发展。城市设计在推动城市可持续发展的过程中发挥着重要作用。通过合理的土地利用、节能减排、生态环保等措施，城市设计能够降低资源消耗、减少环境污染，实现城市的绿色发展。例如，丹麦哥本哈根市的城市设计注重可再生能源的利用和绿色交通的发展，使得该市

[①] 城市设计，作为城市规划与建筑学的交叉学科，旨在创造宜居、美观且功能齐全的城市环境。

成为全球领先的低碳城市之一。

第四，增强社会和谐。城市设计还能够促进不同社会群体之间的交流和融合，增强社会和谐。通过公共空间的营造、文化活动的举办等措施，城市设计能够打破社会隔阂，增进不同群体之间的相互理解和信任。例如，西班牙巴塞罗那市的城市设计注重公共空间的建设和文化活动的举办，使得该市成为多元文化的交汇之地，吸引了众多游客和移民前来居住和工作。

第二节　城市更新中城市设计重要作用分析

城市更新是城市发展的必然过程，它涉及城市空间、功能、环境等多个方面的优化与提升。城市设计作为城市更新的重要手段，通过科学合理的规划与设计，能够有效地改善城市环境，提升城市品质，推动城市的可持续发展。以下探讨城市设计在城市更新中的重要作用：

一、优化城市空间布局

城市设计作为一种综合性、多维度的规划方法，旨在通过对城市空间的合理规划，优化城市的空间布局，提高土地利用效率。这一目标的实现，不仅有助于提升城市的整体运行效率，还能为居民创造更加宜居、便捷、环保的生活环境。

第一，优化城市空间布局的关键在于合理划分居住、商业、工业等功能区。这样的划分能够减少不必要的交通拥堵和环境污染，提高城市的整体运行效率。例如，通过将工业区规划在远离居住区的地带，可以减少工业污染对居民生活的影响；同时，通过合理布局商业区，可以缩短居民购物、娱乐的出行距离，减少交通拥堵。

第二，城市设计还应注重城市绿地的规划。绿地作为城市生态系统中的重要组成部分，具有调节气候、净化空气、美化环境等多重功能。因此，在城市设计中，应充分考虑绿地的布局和面积，打造宜居的城市生态环境。

第三，城市设计还需要关注城市交通的规划。交通是城市运行的血脉，对于提高城市运行效率具有重要意义。因此，在城市设计中，应合理规划交通线路、交通节点等，提高城市交通的便捷性和安全性。

二、提升城市环境质量

随着城市化进程的加速，城市环境质量的提升成为摆在我们面前的重要课题。一个优质的城市环境不仅能够提高市民的生活质量，还能吸引更多的人才和资本流入，为城市的可持续发展注入新的活力。因此，城市设计在改善与提升城市环境方面扮演着至关重要的角色。

第一，城市绿化的重要性。城市绿化是提升城市环境质量的重要手段之一。通过大面积的植树造林、增加城市绿地面积、建设生态公园等措施，可以有效改善城市的空气质量，减少声音污染，为市民提供更加舒适、健康的居住环境。同时，绿化还能为城市带来诸多生态效益，如调节气候、保持水土、减少城市热岛效应等。

第二，景观设计的艺术魅力。景观设计是城市设计的重要组成部分，它通过巧妙的设计手法，将自然景观与人工建筑融为一体，营造出独具特色的城市风貌。优美的景观设计不仅能提升城市的审美价值，还能为市民提供休闲、娱乐的好去处，增强市民的归属感和幸福感。此外，高品质的景观设计还能提升城市的品牌形象，吸引更多的游客和投资者。

第三，建筑设计的创新与人性化。建筑设计在城市环境质量的提升中同样扮演着重要角色。随着科技的发展和人们审美观念的变化，现代建筑设计越来越注重创新与人性化。绿色建筑、智能建筑、低碳建筑等新型建筑模式的出现，为城市环境的改善提供了有力支持。同时，建筑设计中的人性化考虑，如无障碍设施、绿色屋顶、共享空间等，也为市民提供了更加便捷、舒适的生活体验。

第四，城市环境质量的综合效益。提升城市环境质量不仅关乎市民的日常生活，更会对城市的经济发展产生深远的影响。一个宜居的城市环境能够吸引更多的人才和资本流入，为城市的产业发展、科技创新提供有力支撑。

同时，优质的城市环境还能提升城市的国际竞争力，为城市的国际化发展奠定基础。

三、传承与弘扬城市文化

城市设计在城市更新的过程中，不仅是规划和建设城市的蓝图，更是传承与弘扬城市文化的关键力量。城市不仅仅是高楼大厦和繁华的商业区，更是历史、文化和人民的聚集地。因此，城市设计在塑造城市形象、提升城市品质的同时，也需要注重保护和传承城市的文化遗产，弘扬地方特色，让城市在发展中保持独特的魅力。

第一，城市设计要高度重视对历史文化遗产的保护与利用。历史文化遗产是城市文化的重要组成部分，它们承载着城市的历史记忆和文化底蕴。在城市更新的过程中，我们需要对这些珍贵的历史文化遗产进行科学合理的保护，防止盲目拆除和破坏。同时，我们还应该通过城市设计，将这些历史文化遗产融入城市的空间布局和功能规划中，让它们成为城市的新亮点，吸引更多的人们前来参观和体验。

第二，城市设计要深入挖掘和展示地方特色。每个城市都有自己独特的文化特色和风土人情，这些都是城市文化的重要组成部分。在城市设计的过程中，我们需要充分了解和挖掘这些地方特色，通过建筑、景观、公共空间等方式进行展示和传承。这样不仅可以增强市民的文化认同感和归属感，也可以吸引更多的游客前来体验和感受城市的魅力。

第三，城市设计要注重对市民文化需求的关注和满足。城市是市民生活的舞台，市民的文化需求是城市设计不可忽视的一部分。在城市设计的过程中，我们需要关注市民的日常生活和文化活动，通过合理的规划和设计，为市民提供更多的文化活动和公共空间。这样不仅可以丰富市民的文化生活，还可以促进城市文化的传承和发展。

第三节 城市更新与城市设计体系融合

"城市更新是城市发展到一定阶段所必然经历的再开发过程,不同的时代背景和地域环境中的城市更新具有不同的动因机制、开发模式、权力关系,进而产生不同的经济、环境、社会效应"[1]。而城市设计体系作为城市规划的基石,其与城市更新的融合显得尤为重要。以下探讨城市更新与城市设计体系融合的必要性与可行性,并分析融合过程中的挑战与应对策略。

一、城市更新与城市设计体系融合的必要性与可行性

城市更新与城市设计体系的融合具有多方面的必要性。首先,二者的融合有助于实现城市空间资源的优化配置。城市设计体系通过对城市空间的合理规划,为城市更新提供了科学的指导,避免了盲目拆改和资源浪费。其次,融合有助于提升城市品质。城市设计体系注重城市形态、景观等方面的设计,通过城市更新将这些设计理念转化为现实,从而提升城市的整体品质。最后,融合有助于推动城市的可持续发展。城市更新与城市设计体系共同关注城市的生态环境、历史文化保护等方面,为城市的可持续发展提供了有力保障。

在可行性方面,城市更新与城市设计体系的融合得到了政策支持和市场需求的推动。政府在城市规划中明确提出城市更新的目标,为二者的融合提供了政策保障。同时,随着市民对城市品质要求的提高,市场对城市更新的需求也日益增强,为二者的融合提供了广阔的市场空间。

---

[1] 严若谷,周素红,闫小培. 城市更新之研究 [J]. 地理科学进展,2011,030(8):947.

二、城市更新与城市设计体系融合的挑战与应对策略

（一）城市更新与城市设计体系融合的挑战

尽管城市更新与城市设计体系融合被视为推动城市可持续发展的重要途径，但在实际操作过程中，两者之间的融合却面临着诸多挑战。这些挑战不仅涉及历史文化保护、资金技术制约等方面，还涉及社会、经济、文化等多个层面。因此，我们需要深入探讨这些挑战，并提出相应的应对策略，以推动城市更新与城市设计体系的深度融合。

第一，城市更新与历史文化保护之间的关系平衡是一个核心挑战。城市的历史文化遗产是城市发展的重要资源，也是城市特色的重要体现。然而，在城市更新的过程中，往往会出现对历史文化遗产保护不足的情况，导致城市历史风貌被破坏。因此，我们需要在城市更新的过程中，充分考虑历史文化遗产的保护与传承，通过科学合理的规划与设计，实现城市更新与历史文化的和谐共生。

第二，资金和技术方面的制约也是城市更新与城市设计体系融合的重要挑战。城市更新需要大量的资金投入，而资金短缺往往成为制约城市更新的重要因素。同时，城市更新还需要先进的技术支持，以提高更新的效率和质量。然而，目前许多城市在技术和资金方面都存在不足，导致城市更新难以顺利进行。为了应对这些挑战，我们需要加强技术研发，提高城市更新的技术水平，降低更新成本。同时，还需要拓宽资金来源，吸引更多的社会资本参与城市更新，形成多元化的投资格局。

第三，公众参与也是推动城市更新与城市设计体系融合的关键因素。城市更新不仅涉及相关部门的决策，更涉及广大市民的切身利益。因此，我们需要加强公众参与，广泛征求市民意见，确保城市更新与城市设计体系融合更加符合市民需求。通过加强公众参与，不仅可以提高城市更新的透明度和公正性，还可以增强市民对城市更新的认同感和支持度。

（二）城市更新与城市设计体系融合的应对策略

第一，加强规划引领。在城市更新的过程中，需要制定科学合理的规划

方案，明确更新的目标、范围和方式。同时，还需要加强规划的实施和监管，确保规划的有效执行。

第二，强化文化保护意识。在城市更新的过程中，需要充分认识到历史文化保护的重要性，加强对历史文化遗产的保护与传承。通过制定相关政策和措施，鼓励和支持文化保护活动的开展，提高市民对文化保护的意识和参与度。

第三，推动技术创新与人才培养。加强城市更新领域的技术研发和创新，提高更新的技术水平。同时，加强人才培养和引进，为城市更新提供充足的人才支持。

第四，完善资金保障机制。通过政府引导、社会资本参与等方式，拓宽资金来源渠道，为城市更新提供稳定的资金支持。同时，还需要加强资金使用的监管和评估，确保资金的有效利用。

第四节 城市设计对于城市更新的重要意义

随着城市化进程的加速，城市设计扮演着至关重要的角色，它不仅关乎城市的外观和形象，更关乎城市的可持续发展和居民的生活质量。因此，深入探讨城市设计在城市更新中的意义，对于推动城市健康、有序发展具有重要意义。

一、引导城市发展方向

城市设计，作为一种综合性的规划手段，通过制定明确的规划目标和设计方案，为城市更新和发展提供了坚实的基石，它不仅是城市规划师和决策者的智慧结晶，更是城市未来发展的指南。

第一，城市设计通过明确的规划目标，为城市更新提供了明确的方向，这种方向性不仅体现在宏观的城市空间布局上，也体现在微观的建筑设计、景观设计等方面。明确的规划目标有助于决策者和投资者更好地了解城市未来的发展方向，从而避免盲目投资和无效建设。例如，当城市设计明确提出了绿色发展的目标时，投资者就会更加倾向于投资环保产业和绿色建筑，推动城市向更加可持续的方向发展。

第二，城市设计通过制定设计方案，将规划目标转化为具体的空间形态。这些设计方案不仅体现了设计师的创意和智慧，更是城市未来形象的直观展示。通过精心的城市设计，我们可以塑造出更加宜居、宜业、宜游的城市环境，提升城市的整体品质和吸引力。同时，这些设计方案还能引导居民形成正确的居住观念和生活方式，推动城市的文明进步。例如，通过设计合理的公共空间和交通系统，我们可以鼓励居民多步行、少开车，从而减少空气污染和交通拥堵，提升城市的宜居性。

此外，城市设计还具有强大的社会影响力，它不仅能够引导居民形成正确的居住观念和生活方式，还能够促进社区的凝聚力和归属感。通过精心设计的公共空间、文化设施等，我们可以打造出具有独特魅力和文化底蕴的城市形象，吸引更多的游客和投资者。这种社会影响力的发挥，不仅有助于提升城市的知名度和美誉度，还能够促进城市的经济发展和社会进步。

二、提升城市品质与形象

城市，作为人类文明的重要载体，其品质与形象直接反映了一个地区甚至一个国家的发展水平与文化底蕴。在现代社会中，提升城市的品质与形象已成为促进经济、文化和社会全面发展的关键要素。其中，城市设计的作用尤为重要。通过精心的规划与设计，城市不仅能够展现出独特的魅力，还能为居民和游客带来更加舒适、便捷的生活体验。

第一，优化空间布局是提升城市品质与形象的基础。一个合理的空间布局能够使城市的各个区域功能明确、相互协调，形成有机的整体。例如，在商业中心区域，高楼大厦、繁华的商业街区和丰富的文化活动构成了独特的城市景观，吸引着大量的游客和投资者。而在居住区，舒适的住宅环境、便捷的交通设施和完善的公共服务则让居民感受到家的温馨与便利。

第二，提升建筑设计品质是塑造城市形象的关键。建筑作为城市的重要组成部分,其设计风格和质量直接影响着城市的整体风貌。现代城市设计注重将建筑与自然景观、历史文化相融合,打造出具有独特魅力的城市天际线。无论是充满现代感的摩天大楼,还是充满历史韵味的古建筑,都能成为城市的标志性景观,吸引着无数人的目光。

第三,绿色生态也是提升城市品质与形象不可忽视的因素。一个充满绿色植被、清新空气和宜人环境的城市,不仅能够为居民提供高质量的生活空间,还能有效缓解城市热岛效应,改善城市生态环境。因此,城市设计应充分考虑绿化、水系等自然元素的融入,打造宜居宜业的绿色城市。

第四,提升城市品质与形象对于推动城市的经济、文化和社会发展具有积极的意义。一个品质高、形象好的城市能够吸引更多的游客和投资者,促进旅游业和相关产业的发展。同时,优秀的城市设计还能激发居民的文化自豪感和归属感,增强城市的凝聚力和向心力。这些积极因素共同推动着城市的全面进步和可持续发展。

三、促进城市可持续发展

随着全球城市化进程的加速,城市设计在塑造我们生活空间的同时,也承载着促进城市可持续发展的重大责任。城市设计不仅追求美观和实用,更加注重生态环保和可持续发展的理念,以期为人类创造宜居、宜业、宜游的美好生活环境。

第一,绿色建筑。通过采用节能、环保、可再生等建筑材料和技术,绿色建筑在降低能源消耗、减少环境污染、提高居住舒适度等方面具有显著优势。例如,利用太阳能、风能等可再生能源为建筑提供动力,不仅减少了对化石燃料的依赖,还有效降低了碳排放。此外,绿色建筑还注重雨水收集、废物回收等资源的循环利用,进一步减少了对自然资源的消耗。

第二,节能减排。节能减排对于降低城市环境污染和资源消耗同样具有重要意义。通过优化城市交通系统、推广绿色出行方式、提高能源利用效率等措施,城市设计可以有效减少废气排放、缓解交通拥堵、提升城市整体环境质量。此外,城市设计还可以引导市民养成节能减排的生活习惯,如节约用水、用电等，从而在全社会形成绿色、低碳的生活方式。

此外，除了技术手段的应用，城市设计还能推动城市的产业结构优化和经济发展方式的转变。通过合理规划城市空间布局、优化资源配置、引导产业集聚等措施，城市设计可以促进城市产业向绿色、低碳、循环的方向发展。这不仅有助于提升城市经济竞争力，还能为市民创造更多的就业机会，实现经济、社会、环境的协调发展。

第三章　城市更新视角下的城市优化

第一节　城市更新中的城市公共品分析

"城市公共品是城市的基础性要素之一，或者说是城市区别于农村的最显著特征"①。城市的公共生活与居民的日常生活紧密相连，其中，城市公共品发挥着至关重要的作用。随着社会的不断发展和城市化进程的推进，公共品在城市中的影响日益凸显，成为城市发展的重要组成部分。在某种程度上，城市本身就是由众多公共品有机结合而形成的庞大体系。这些公共品包括城市道路、排水供水系统、城市照明、供气、供暖、供电、交通系统、指示标志、公园、绿地草坪等，它们共同构成了城市的骨架。因此，城市更新的核心任务就是对城市公共品进行生产、更新和配置，以满足居民日益增长的生活需求，推动城市的持续健康发展。

一、城市更新中城市公共品的范畴

城市公共品是指由政府或公共机构提供，供全体市民共同享用的物品和服务。在城市更新的语境中，城市公共品主要包括基础设施、公共服务和公共空间等方面。

第一，基础设施是城市更新中的基础支撑，包括交通、水电、通讯、环

---

① 姜杰，张晓峰，宋立泰. 城市更新与中国实践 [M]. 济南：山东大学出版社，2013：51.

境等多个方面。例如，城市交通的改善，如地铁线路的扩建、公交系统的优化等，都能为市民提供更加便捷、高效的出行方式。同时，城市水电、通信等基础设施的升级，也能为市民的生活和工作提供更为稳定、安全的环境。

第二，公共服务是城市更新中不可或缺的一部分，涵盖了教育、医疗、文化等多个领域。在城市更新的过程中，公共服务的提升和均衡布局显得尤为重要。例如，新建学校、医院等公共设施，可以满足市民对于优质教育和医疗资源的需求。同时，文化设施的完善，如博物馆、图书馆等，也能丰富市民的精神文化生活，提升城市的文化品质。

第三，公共空间是城市更新中容易被忽视但却十分重要的部分。公共空间不仅是市民休闲娱乐的场所，也是社交、文化交流的重要空间。在城市更新的过程中，应该注重对公共空间的打造，如公园、广场、步行街等，为市民提供舒适、宜人的生活环境。

此外，城市更新中的城市公共品还包括一些新兴的领域，如智慧城市建设、绿色出行等。这些新兴领域不仅符合当下城市发展的趋势，也是提升城市品质、满足市民需求的重要途径。

二、城市更新中城市公共品的配置

城市更新的核心内容就是城市公共品的配置，需要在城市更新过程中引起高度重视。城市公共品的配置包括公共品的规划、生产、供给、拆除、重置等过程，通过这一过程，实现公共品在城市不同区域、不同群体、不同阶层之间的分配。正如城市更新一样，城市公共品的配置也涉及配置的主体、客体以及动力机制等要素。现阶段，城市更新中出现了很多问题，这些问题大多数都与公共品配置的相关要素有关，如配置主体的单一化、模糊化；配置客体选择的不平衡、不公平；城市公共品治理方式的随意性、配置和更新动力的不完善；等等。因此，在城市更新和公共品配置过程中，要注意合理地配置主体、客体以及治理方式。

（一）城市公共品的配置主体

城市公共品作为城市发展的重要组成部分，其配置主体具有多元化的特点。这些主体在公共品的供给、管理和运营中发挥着至关重要的作用。以下从多个角度探讨城市公共品的配置主体，并分析其重要性。

第一，政府：主导与引导。政府是城市公共品配置的核心主体，发挥着主导和引导的作用。政府通过制定政策法规、财政投入、基础设施建设等方式，推动城市公共品的供给和优化。例如，在城市交通领域，政府投资建设地铁、公交等公共交通设施，提高城市交通的便捷性和效率。此外，政府还通过引导社会资本投入、推动公私合作等方式，吸引更多力量参与城市公共品的供给。

第二，市场：创新与活力。市场是城市公共品配置的另一个重要主体。市场力量通过竞争和创新，推动城市公共品的多样化和优质服务。在城市基础设施建设中，私人企业和外资可以通过投资建设和运营管理等方式，与政府形成合作关系，共同推动城市公共品的发展。例如，在城市供水、供电等领域，市场力量的参与可以提高服务质量和效率，满足市民的多样化需求。

第三，社区：参与与自治。社区是城市公共品配置的基层主体，发挥着参与和自治的作用。社区居民通过社区组织、自治机制等方式，参与城市公共品的供给和管理。例如，在社区公园、文化活动中心等公共设施的建设和运营中，社区居民可以提出自己的需求和意见，参与设施的规划和设计，实现公共品的民主决策和共建共享。

第四，多元主体协同：合力推动。城市公共品的配置需要政府、市场、社区等多元主体的协同合作。政府需要制定科学的政策法规，提供必要的财政支持和监管；市场需要发挥创新和活力，提供多样化的公共品和服务；社区需要发挥参与和自治的作用，促进公共品的民主决策和共建共享。多元主体之间的协同合作可以形成合力，推动城市公共品的发展和优化。

（二）城市公共品的配置机制

城市公共品的配置机制是指推动城市公共品产生、更新和重置的各要素之间的联系以及城市公共品配置的方式和机理。城市公共品的配置机制是城市公共品配置的核心内容，同时也是城市更新机制的重要组成部分。从主要方面来看，城市公共品的配置机制可以从两方面探讨，即公共品的配置动力以及公共品的配置方式。

1. 公共品的配置动力

公共品的配置动力，简单而言，就是指推动公共品有效分配和使用的力量。这种力量来源于多个方面，包括市场、社会组织和公众等。

第一，市场力量在公共品配置中同样发挥着不可忽视的作用。在市场经济条件下，市场通过价格机制、竞争机制等，对公共品的生产和分配进行自动调节。例如，在公共交通、供水、供电等公共品的供给中，市场主体可以通过技术创新、管理优化等方式，提高公共品的供给效率和服务质量。同时，市场竞争还可以促使市场主体之间形成差异化供给，满足公众多样化的需求。

第二，社会组织也是公共品配置的重要力量。社会组织作为社会自治的重要载体，可以通过志愿服务、慈善捐赠等方式，为公共品的生产和分配提供资金支持和人力保障。社会组织还可以发挥桥梁和纽带作用，连接政府、市场和公众，促进各方在公共品配置中的协同合作。

第三，公众作为公共品的使用者，也是公共品配置的重要参与者。公众通过选举、参与讨论、提出建议等方式，表达自身对公共品的需求和期望，影响政府和市场的决策行为。同时，公众还可以通过自身的行为选择，影响公共品的消费模式和供给结构。例如，公众对环保、教育等领域的关注和投入，可以推动这些领域公共品的优化配置和持续发展。

2. 公共品的配置方式

公共品的配置方式是公共品配置机制的核心组成部分，它直接关系到公共品供给的效率、公平性和可持续性。传统的公共品配置方式多由政府主导，采用自上而下的单一模式。然而，随着社会的多元化发展和城市公共品需求的复杂化，单一的政府主导模式已难以满足现实需求。因此，探讨公共品配置方式的多元合作与优化，成为当前公共管理领域的重要议题。

（1）多元合作配置公共品的必要性与可能性。面对公共品配置的种种挑战，多元合作配置公共品成为一种可行的选择。多元合作意味着政府、企业、社会组织以及公民个人等多元主体共同参与公共品的配置过程，发挥各自的优势，共同承担责任，这种配置方式不仅能够提高公共品供给的效率，还能够增强公共品配置的公平性和可持续性。

第一，从必要性来看，多元合作配置公共品是应对社会多元化和公共品需求复杂化的必然选择。通过多元主体的共同参与，可以更好地满足不同群体的公共品需求，提高公共品供给的针对性和有效性。同时，多元合作还能够促进不同主体之间的交流和协作，形成合力，共同解决公共品配置过程中的问题。

第二，从可能性来看，随着市场经济的发展和社会治理体系的完善，多元合作配置公共品的条件已经逐渐成熟。政府可以通过政策引导、资金扶持等方式鼓励企业和社会组织参与公共品配置；企业和社会组织则可以利用自身的专业优势和资源优势，为公共品配置提供技术支持和服务保障；公民个人则可以通过参与决策、监督实施等方式发挥积极作用。

（2）公共品配置方式多元合作的实现路径。要实现公共品配置方式的多元合作，需要从以下方面着手：

第一，明确各配置主体的角色定位与责任划分。政府应作为主导者，负责制定公共品配置的政策和规划，协调各配置主体之间的关系；企业应作为参与者，利用市场机制提供高效的公共品服务；社会组织应作为补充者，发挥其在特定领域的专业优势；公民个人则作为监督者，参与公共品配置的决策和监督过程。

第二，建立有效的合作机制与沟通平台。各配置主体之间应建立定期沟通机制，分享信息、交流经验、协调行动。同时，可以搭建公共品配置的信息平台，实现资源共享和信息互通，提高配置效率。

第三，完善激励与约束机制。通过政策激励和资金扶持等方式，鼓励各配置主体积极参与公共品配置。同时，建立相应的约束机制，对配置过程中的违规行为进行惩罚和纠正，确保公共品配置的公平性和有效性。

第二节　城市更新中的社会成本及控制

一、城市更新中的社会成本—效益分析

城市更新中社会成本—效益分析的理论基础是以经济学的价值理论来评

估城市更新的政策、规划方案,建立城市更新安排与规划的成本与效益体系,为整个城市更新过程提供一整套客观与科学的评估工具与方法。

城市更新有必要引进社会成本—效益分析,并且将其作为支持城市更新政策的重要内容之一。在社会成本概念被引入到城市更新后,除了能够对城市更新与规划形成一系列明确的社会成本分析外,还能对城市更新所带来的效益有相对较为明确的认识,并且能在较为明确的前提下对城市更新社会成本总量的控制提出相对科学的分析,这样一来,城市更新过程中的责任与产出、成本与效益才具有合理的依据。

(一)城市更新对居民家庭的影响

1. 对新居住环境的适应

在城市更新中受到影响比较大的是被拆迁用户与新搬迁用户。在拆迁或搬迁后,居民来到新的小区,新的居住地,带来的首先就是居民对原住小区的熟悉感。原住小区内部生活的归属感与安全感随着搬迁到新的居住地而流失,这种日积月累的心理依赖是一个新的小区在短时期内所无法给予的。在短时期内,受影响的居民受到心理因素的冲击会比较明显,因此必须做好宣传与心理疏导工作,努力提高居民在新的居住环境内的满意度,保证人民生活安定有序。

另外,即使在受城市更新范围内影响的大部分居民的居住条件有所改善,但是新居住地附带的公共基础设施能否满足人们的正常需要还是未知数。随着人们生活水平的日益提高,单纯居住条件与生存条件的改善显然已经不能满足人们日益提高的生活水平的需要,这就需要娱乐、商业、教育等一系列配套设施的完善。因为这关系到居民对物质生活与精神生活的方方面面的满足,也能够增强居民对小区的满意感,降低经济与心理负担。还有一种情况,新建设的小区如果不是商业住宅,如保障性住房等,那么在地理位置的选择、交通条件等方面都与商品住宅区存在着较大的差距。

2. 对家庭结构与关系的影响

(1)家庭作为每个人所处时间最长的成长环境以及作为家庭成员之间沟通联系纽带的作用无须赘言。一个良好的家庭应该是为家庭成员提供相互之间交流与沟通的平台,营造互助和谐、相亲相爱的氛围。但是在城市更新过程中尤其是居民家庭在拆迁过程中,家庭成员之间往往存在对于搬迁补偿等问题的沟通不畅,导致了家庭作为感情纽带作用的破坏,严重地削弱了家庭的社会功能。居民回迁后,拆迁补偿所得与贷款买房之间的矛盾加剧了家庭的经济压力,为了缓解家庭的经济负担,家庭成员在工作与生活中都会发生不同程度的变化,这种变化在人际关系方面以及对老人的赡养等问题上表现得尤为明显。

(2)城市更新造成了家庭社会功能的削弱。家庭作为社会的细胞,在教育功能与维护社会稳定方面起着十分重要的作用。家庭是人们成长与生活的场所,是人们倾注时间最长、投入精力最多的地方。在拆迁及搬迁过程中以及重新定居后,对孩子的照顾与教育是个大问题。在拆迁与搬迁后,随着幼儿园、学校等公共教育服务设施与环境的变化,对于孩子的成长环境与教育环境是一次较大的影响,这种变化往往会造成孩子在适应方面的问题。另外在搬迁与拆迁中,家长对于孩子教育与成长的精力与时间的投入会因为各种因素的影响而分散,会对孩子以后的成长产生重要的影响。

在城市更新过程中出现的一系列破坏家庭和谐的矛盾,如家庭成员之间的关系变差,因为交通条件的变化而产生的生活负担及工作压力,由于公共基础设施的变化带来的生活方式的变化等都会对家庭的稳定与和谐产生消极的破坏作用,进而造成严重的社会问题,带来巨大的社会成本。

3. 对生活方式与生活质量的改变

在城市化进程中,随着身份的转变,居民所面临的生活方式和生活质量的变化不容忽视。特别是在城市更新的决策过程中,城市居民作为利益相关者之一,常常处于不利地位,这主要源于开发商在多数情况下造成的信息不对称现象,使得受影响的居民在信息掌握上处于劣势。由于信息不足和客观生存条件的变化,居民的日常生活成本不断增加。

此外,家庭住址的变动所引发的一系列连锁反应,以及经济补偿无法弥补拆迁后生活质量下降的问题,也成为不可避免的现实。在现有的社会保障体系尚不完备的情况下,城市更新对城市居民生存与发展的影响尤为显著。

这种对未来的不安全感，正是导致在城市更新过程中频繁出现对抗事件的重要原因。因此，我们必须高度重视城市更新过程中居民的利益保障，确保他们在城市发展中能够享受到公平、公正和可持续的福祉。

（二）城市更新对于社区组织层次的影响

1. 产生邻里重建成本

社区作为城市生活的微观单元，承载着居民的情感记忆与日常生活。长期以来，社区内部的人们通过日常交往、共同活动，逐渐形成了独特且深厚的社区文化与邻里关系纽带。然而，城市更新这一系统工程在推动城市现代化的同时，也带来了诸多不可忽视的矛盾与挑战。

（1）城市更新往往会打破原有社区的平衡状态，使得数十年间积累的情感纽带遭受严重冲击。在拆迁与重建的过程中，居民们不得不面对利益的重新分配与居住环境的变迁。这种变迁不仅涉及物质层面的居住条件，更涉及精神层面的情感联系。原有的邻里关系，在拆迁的巨大压力下，往往难以维系，甚至可能因利益冲突而破裂。

（2）城市更新带来的生活秩序变更，使得居民们在新环境中需要重新适应。在新的社区里，居民们失去了原有的地缘关系，彼此之间的不熟悉使得邻里关系变得疏远。这种疏远不仅影响了居民们的日常生活，更在一定程度上削弱了社区的凝聚力。

值得注意的是，大部分居民对于原有的邻里关系都怀有深厚的留恋之情。这种留恋不仅仅是对过去生活的怀念，更是对那份基于长期共同生活而形成的深厚情感的珍视。然而，城市更新的现实却使得这份留恋变得愈发珍贵而难以维系。

2. 对相对弱势群体的影响

城市更新，作为城市发展的必然过程，其影响深远而广泛。其中，对相对弱势群体的影响尤为显著，特别是老年人和青少年这两大群体。他们的生活和成长环境，在城市更新的浪潮中，往往面临着巨大的挑战与变迁。

对于青少年而言，城市更新所带来的冲击不容小觑。青少年正处于成长发育的关键阶段，他们的心理、情感、认知等各方面都在不断发展变化。城市更新所带来的环境变迁，往往会对青少年的成长产生直接或间接的影响。一方面，城市更新可能导致青少年所熟悉的居住环境发生变化，他们需要适应新的生活空间、社区文化和人际关系，这可能会对他们的心理产生一定的冲击。另一方面，城市更新往往伴随着家庭结构的变迁，父母可能因为工作、生活等原因而面临搬家、就业等压力，这些压力会间接影响到青少年的成长环境，甚至可能对他们的教育和未来产生深远的影响。

青少年时期的成长经历对于个体的人格形成、价值观塑造以及未来职业发展等方面都具有决定性的意义。因此，如何在城市更新的过程中，为青少年提供一个稳定、有序、充满关爱与支持的成长环境，是相关部门需要深入思考和解决的问题，这包括但不限于：加强青少年心理辅导，帮助他们适应新环境；优化教育资源配置，确保青少年能够接收到优质的教育；加强社区建设，增进邻里之间的交流与互助，为青少年营造一个和谐、友善的成长氛围。

而对于老年人群体来说，城市更新的影响则更为深刻。老年人在长期的生活中，已经习惯了原有的居住环境和社交圈子，他们对这些环境的依赖和认同感往往非常强烈。城市更新所带来的环境变迁，可能会让老年人感到无所适从和失落。他们可能需要面对搬家、重新适应新环境、建立新的社交关系等一系列挑战。这些挑战不仅会对老年人的身心健康产生影响，还可能导致他们产生孤独、焦虑等负面情绪。

此外，老年人在城市更新过程中往往处于较为弱势的地位。他们可能因为年龄、身体条件等原因而无法像年轻人那样快速适应新环境，也无法像年轻人那样轻松地获取新信息和新技能。因此，在城市更新的过程中，如何保障老年人的权益，确保他们能够享受到城市发展的成果，是相关部门需要特别关注的问题。

3. 弱化社区认同感与降低社区功能

在城市更新的推动作用下，形形色色的社区纷纷成立与建设起来。社区建设的本质是要提升社区归属感、提高居民的社区参与度、发展社区民间组织、完善社区基层组织、改善社区基础设施、提供众多社区服务、加强社区安全保障、促进邻里关系和谐、增强社区依赖度等，只有这样，社区才能继"单位制"之后，担负起对城市居民的组织和管理功能，才能对市场经济、城市管理和社会稳定产生作用，以实现基层社会的和谐稳定。社区发展就具有了双重意义，一方面，它作为政府应对社会问题的手段，通过对特定街区、村落提供公共服务，满足那些在现代社会转型过程中失落的人们的需求；另一方面，它通过特定街区、村落成员参与本社区的公共事务，创新的共同体和共同价值，形成人们的精神生活和社会交往，还人们本应有的人类生活方式和人生内涵。

但是现实情况是，城市更新的进行不仅在摧毁着城市的传统社区，而且在新的社区内要实现这种社区本质的重建需要付出巨大的代价。同时，在新的社区形成时，对于传统社区功能的破坏是显而易见的。邻里之间的"熟人世界"的相互支持功能消失殆尽。在陌生的生存环境下，社区内部到处透露着陌生与距离感，邻里之间相互的信任感与安全感不见了，在生活中互帮互助、相亲相爱，共同解决生活的困难，共同保障社区治安的场景也消失了，毫无疑问这是邻里之间的损失。另外，随着新社区的建立，原先属于不同地区、分布在不同行业的人群由于城市更新的作用而汇聚到了一起。这种不同文化背景和生活背景下所带来的异质性很容易造成人们之间的心理隔阂。居民之间交流日益减少，基本上排除了邻里之间深度交往的可能性。人与人之间不再相互信任，不再互通有无，甚至是相互提防，对于社区居民的社会化生活是一种较大的伤害。

社区控制功能主要体现在社区无形存在的对于社会的整体控制之上。在传统社区内，在社区精神与社区文化的熏陶下，邻里之间的监督与约束既自觉又普遍。这种潜移默化的力量对于社区的整合与稳定具有重要作用，同时还有利于减小社区管理的障碍，推动社区的发展。在新社区模式下，社区的控制功能也在很大程度上被减弱了。

4. 增加社会心理成本与道德成本

在当前的社会背景下，城市更新的进程不仅涉及物质层面的改造与升级，更深刻地触及到社会心理与道德层面的成本与考量。这种更新往往伴随着社会资源的重新分配、利益格局的重新调整,以及个体与群体心理预期的重新定位,因此,不能仅从经济视角去审视这一过程,而必须将其置于更广阔的社会背景与道德框架中加以考察。

城市更新的过程,本质上是一个涉及多方利益主体、多种价值观念交织的复杂系统。在这一系统中,不同的个体和组织基于自身的利益诉求和认知框架,对城市更新的期望与理解各不相同。当这些期望与现实之间存在差距时,便会产生一系列的心理和道德成本。

从社会心理成本的角度来看,城市更新往往意味着原有生活环境的改变和社会关系的重构。对于许多居民而言,他们长期居住于某一社区,与邻里之间建立了深厚的情感纽带。然而,随着城市更新的推进,他们可能面临拆迁、搬迁等问题,这不仅改变了他们的居住环境,更可能打破他们原有的社会关系网络,这种变化带来的不确定性和不安全感,往往成为居民心理负担的重要来源。此外,当居民发现城市更新的实际效果与他们的心理预期存在较大差距时,便会产生一种失落感,这种情感上的成本往往难以用经济数字来衡量。

从道德成本的角度来看,城市更新过程中的资源分配和利益调整往往涉及公平与正义的问题。一方面,如果城市更新的成果不能惠及所有居民,而是被少数利益集团所垄断,那么这种不公平的现象就会引发广泛的社会不满和道德质疑;另一方面,当个体为了追求自身利益的最大化,采用不正当手段时,便会对社会道德秩序造成破坏,进而损害公共利益,这种道德风险的增加,不仅增大了城市更新的难度和成本,更可能对社会稳定与和谐构成潜在威胁。因此,在推进城市更新的过程中,必须充分考虑到社会心理和道德层面的成本与影响。这需要我们不仅关注物质层面的改造与升级,更要注重社会关系的协调与和谐,以及公平正义的维护与实现。具体而言,我们可以通过加强政策宣传与沟通、完善利益协调机制、强化社会监督与参与等方式,来降低城市更新过程中的社会心理成本和道德成本。同时,我们还应意识到,城市更新是一个持续不断的过程,而非一蹴而就的短期行为。因此,我们需要以长远的眼光和系统的思维来规划和管理这一过程,确保其在推动城市发展的同时,也能够维护社会的稳定与和谐。

(三）城市更新对于社会的影响

城市更新是一个综合性的过程，涉及多个方面，包括拆除老旧建筑、建设新的基础设施、改善交通状况、增加绿地等。然而，城市更新不仅仅是一个物质层面的改变，它对社会层面也产生了深远的影响。

第一，城市更新对于社会结构和居民生活产生了显著影响。随着城市更新的推进，老旧小区和破旧建筑被拆除，新的住宅和商业区崛起。这导致了人口迁移和社会阶层的变化。一方面，一些原本生活在老旧小区的居民可能因为拆迁而被迫搬离，他们的生活方式和社交网络可能因此发生巨大变化。另一方面，新的住宅和商业区的建设吸引了新的居民和商家，促进了城市的多样性和活力。

第二，城市更新对于城市经济发展也具有重要作用。通过拆除老旧建筑和建设新的基础设施，城市更新为城市经济发展提供了新的动力。新的商业区和住宅区的建设吸引了更多的投资者和消费者，促进了商业活动的繁荣。同时，城市更新也为城市创造了更多的就业机会，提高了居民的收入水平。这些都有助于推动城市经济的持续增长。

第三，城市更新还对于城市环境和居民生活质量产生了积极影响。通过改善交通状况、增加绿地等措施，城市更新提升了城市的宜居性。新的公园和绿地为居民提供了休闲娱乐的场所，改善了居民的生活质量。同时，改善交通状况也有助于减少交通拥堵和污染排放，为居民创造更加健康的生活环境。

二、城市更新中的社会成本控制

城市更新中社会成本的控制体现的是社会外在的制约与经济主体自主约束的有效结合。

（一）宏观社会成本控制

1. 经济、生态与社会的协调发展

社会是一个由多种因素组成的有机系统，多种因素和谐相处、相互协调才能共赢。否则，对于社会上任何一方面的忽视都会产生较大的社会成本与代价。在城市更新中，也要坚持科学发展观，做到科学地评估与检测各方面

的利益需求，尽量减少社会成本的模糊性，最终达到控制社会成本在可接受范围内的目标。因此，要切实地树立与贯彻以人为本的理念。对公共利益要进行严格的界定与审查，防止政府以所谓"公共利益"为旗号进行的实为侵害广大人民群众利益的城市更新。

2. 完善市场经济体制

市场经济体制在城市更新中扮演着重要角色，其法制化与规范化不仅能够有效减少交易成本，还有助于降低由机制漏洞带来的风险。通过市场调节手段与政府行政手段的有机配合，可以优化城市更新的经济效益。

保障居民的市场主体地位是完善市场经济体制的重要方面。只有确保居民在市场交易中的地位和权益，才能有效降低城市更新的社会成本。这是因为在保障居民市场主体地位的前提下，居民在面临成本大于收益时具备了退出交易的自由，从而避免了不必要的资源浪费和社会成本的增加。因此，保障居民的市场主体地位不仅有利于促进经济交易的有效进行，还有助于实现社会成本的有效控制。

3. 严格社会成本评估

为了有效控制和管理社会成本，需要实施严格的社会成本评估。为此，建议设立一个得到社会相关部门广泛认可的机构，负责对城市更新过程中的社会成本进行评估，并对参与主体进行监督。通过建立有效的奖惩机制，确保城市更新的成本在可控、可预测的范围内，以此增强实施方案的科学性和可行性。同时，为进一步完善社会成本控制机制，我们需要深入研究和理解成本与收益之间的逆向关系。当成本增加时，收益通常会减少，而收益的增加则往往源于成本的节约和有效利用。这种关系的认可，将促使个人和企业更加理性地寻求降低成本、增加收益的途径，从而使他们的行为更加符合"收益预期大于成本支出"的原则。然而，也必须认识到，在社会经济活动中，存在着一些个体或企业可能采取"成本大于收益"的行为。

（二）微观社会成本控制

1. 社会成本观念

改革开放四十多年以来，在注重经济发展的大环境背景下，在社会生活中形成了过度强调个体的观念，在经济发展的助力下使得"理性经济人"的意识逐渐增强。经济个体在作出行为选择时都是以收益最大化为目标的，当然在追逐利益的同时考虑如何降低成本就成为经济行为的必然，随之而来的是建立在个体经济组织基础之上的个体成本观念的深入人心。但是，随着社会的日益发展，整个社会所凸显的社会问题与危机使得社会成本的研究与关注具有不可避免性。

2. 科学的城市更新决策与规划

在城市更新的规划与决策过程中，科学性、合理性、合法性至关重要。这些因素将直接影响规划阶段、实施阶段以及善后阶段的社会成本控制。有效的城市更新规划与决策选择将直接关系到整个更新过程的有效性及其所产生的成本。因此，对城市更新规划与决策的重要性要有深刻的认识。在更新之前，必须进行全面系统的评估，并邀请专家学者对更新方案进行专业论证。在评估过程中，应全面考虑社会成本与社会效益，既要关注个人及家庭的承受能力，也要考虑邻里社区层次的重建成本，同时还要分析城市更新对城市空间、社会分化及成本的影响。此外，要制定一套完整的城市规划方案不仅需要运用科学的规划方法，还需要广泛听取人民群众的意见。公众参与制定与选择过程时，应关注以下几方面：

（1）有效把握城市居民参与度至关重要。一方面，城市更新规划与方案的制定必须充分倾听民意，站在人民的角度设计方案，尊重城市社区的地区环境与人文环境；另一方面，需要控制人民参与的成本。设计城市更新方案需要耗费大量时间和信息成本，但城市规划方案设计并非不受限制，应在最低成本的前提下确保科学和理性。

（2）城市更新是一项涉及众多社会成员切身利益的复杂工程，会不可避免地涉及利益的再分配问题。为了确保城市更新的顺利进行，必须充分尊重广大公众作为城市更新利益相关者的决策权，并积极扩大人民参与城市更新决策的广度和深度，这不仅有助于提升城市更新的实施效果，还能显著降低解决一些突出城市更新矛盾的成本，如拆迁等问题。因此，在城市更新的过程中，必须高度重视公众参与的重要性，确保公众的利益得到充分保障和体现。

（3）建立健全的社会保障体系至关重要。随着我国市场经济改革的持续深化，经济发展取得了显著成就，但社会经济利益分配失衡的问题也日益凸显，给社会稳定带来了挑战，对城市更新进程产生了不良影响。因此，我们必须将工作重心从资源配置转向营造公平、有序的市场环境，并借助行政手段来预防市场经济可能带来的负面效应。在城市更新的过程中，对于那些受到较大影响的社会成员，我们应给予经济补偿，并承担起救助责任。通过构建完善的社会保障体系，我们能够为这些受影响的人员提供必要的保障，确保他们能够公平地分享城市更新带来的利益。

第三节 城市更新的关键及其管理优化

城市更新不仅关乎城市的形象和品质，更关乎城市的可持续发展和居民的生活品质。因此，如何有效地进行城市更新及其管理优化，成为摆在城市管理者面前的一大挑战。

一、城市更新的关键

第一，城市规划的前瞻性。城市规划是城市更新的前提和基础。前瞻性的城市规划能够预测城市未来的发展方向和需求，为城市更新提供科学的指导。在制定城市规划时，应充分考虑城市的历史文化、地理环境、经济社会发展等因素，确保规划的合理性和可操作性。

第二，社会参与的广泛性。城市更新不仅涉及政府的决策，更需要社会各界的广泛参与。通过公开透明的决策过程，吸引居民、企业、专家等各方力量共同参与城市更新，可以确保更新项目的顺利实施，同时增强居民对更新成果的认同感和归属感。

第三，可持续发展的理念。城市更新应以可持续发展为理念，注重生态环境保护、资源节约利用和社会公平正义。在更新过程中，应优先采用绿色、低碳、循环的技术和方法，推动城市的绿色转型和可持续发展。

二、城市更新的管理优化

第一,建立完善的法规体系。城市更新的管理优化离不开完善的法规体系。政府应制定详细的城市更新法规,明确各方职责、权益和义务,规范更新过程中的行为。同时,应加强对法规执行情况的监督和检查,确保法规的有效实施。

第二,强化项目管理的专业性。城市更新项目涉及多个领域和部门,需要专业化的项目管理团队来负责实施。政府应加强对项目管理团队的培训和指导,提高其专业素养和管理能力。同时,应引入市场竞争机制,吸引优秀的项目管理团队参与城市更新项目。

第三,加强信息公开和公众参与。信息公开和公众参与是城市更新管理优化的重要手段。政府应建立健全信息公开制度,及时公开城市更新的相关信息,保障公众的知情权。同时,应建立公众参与机制,鼓励公众积极参与城市更新的决策和实施过程,增强公众对更新成果的认同感和归属感。

第四,引入科技手段提高管理效率。随着科技的发展,越来越多的科技手段被应用于城市管理中。在城市更新管理中,也应积极引入科技手段,如大数据、人工智能等,提高管理效率和质量。通过科技手段的应用,可以实现对城市更新项目的实时监控和评估,及时发现和解决问题,确保更新项目的顺利进行。

第四节 城市更新视角下的城市规划设计

一、城市规划设计概述

(一)城市规划方式与特性

1. 城市规划的方式

城市规划的实现方式包括两种,分别是问题解决类型和理想追求类型。

通过问题解决类型实现方式进行城市规划的前提条件，是行政城市规划制度的制定；利用理想追求类型实现方式进行城市规划的有效手段，是建筑师所制定的理想城市规划。但是，制定理想城市规划的过程中，既要将空想文学表现的内容保存，也要对城市的现实发展进行客观思考，并结合发展需求和问题提出更加具体化的改善方案。理想城市规划在近代城市规划所处的黎明阶段发挥了重要作用。现在，随着社会的现代化发展和进步，理想城市规划理念无法直接在现代城市规划理念中实现，但是理想城市理念形成的过程能作为制定城市规划理念的重要参考依据。此外，理念的明确对于制定和推进行政城市的规划具有重要影响。

在现实问题解决和理想追求的过程中，城市规划一直在发展和进步，一直到今天，对规划的理念重新审视，也离不开这两个重要因素。

2. 城市规划的特性

（1）生活丰富性：城市规划以保障市民生活的宜居性为核心目标，致力于提供优质的物质环境，确保市民在居住、工作和休息等基本生活方面得到满足。同时，注重生活环境的安全性、健康性、便利性和舒适性，力求让市民享受到丰富多样的物质生活。通过提高居住水平和增加区域福利，城市规划在提升市民生活质量方面发挥着重要作用。

（2）功能活动性：城市规划以推动经济稳定发展、构建功能性强的高校城市为核心理念。受到国际现代建筑协会的"功能主义"和盖迪斯的"科学的城市规划论"等观点的影响，城市规划强调城市活动的合理性和功能性。通过平衡生产与生活的关系，实现两者之间的有机融合和协调发展，以推动城市活动的有序进行。

（3）与自然共生：城市规划注重与自然环境的和谐共生，旨在打造温情、被大自然包围的城市。强调在城市建设过程中平衡环境保护和城市开发之间的关系，确保城市内部有充足的自然空间，并与周边的自然环境和更大的区域形成和谐共存的关系。从全球视角制定和实施环境政策，实现城市与自然的可持续发展。

（4）城市的自体性：城市规划理念强调以民为主体，通过完全自治的方式运营城市。霍华德提出的田园城市理念体现了城市的自律性。城市必须具备自给自足的功能，以应对环境变化和满足市民需求。市民作为城市生活的主体，他们的自律性对于城市的规划和发展至关重要。

（5）多种价值：城市规划理念重视区域历史和文化的价值，强调珍惜具有历史积淀和文化的城市。在城市发展过程中，应重视地域特色和历史文脉的传承，探索和研究如何将历史和近代的城市空间相融合，创造新的地域特色。城市规划需要关注多样化的主体，尊重彼此的差异，打造具有个性的城市。

（6）空间的创造：城市规划要求打造魅力城市，拥有美丽的街道和景观。城市空间的美感形态秩序旨在满足人类的审美需求。在城市规划中，城市设计发挥着重要作用，通过创造具有吸引力的城市景观，提升城市的魅力。

（二）城市规划内容与设计方法

1. 城市规划的内容

城市的规划建设决定着城市居民的生活质量，决定着城市未来发展的方向，城市规划建设是否达到布局合理，生态平衡，是否能够实现人与自然的和谐发展，能否解决人口高度集中和资源高度集聚的矛盾，等等，都是衡量我国城市化进程是否成功的重要指标。因此，对于城市规划的内容而言，其需要兼具科学合理，适宜统一。

在城市规划中，城市制定的经济发展目标和对环境保护方面提出的相关要求，是城市规划的主要内容，结合包括区域规划在内的上层次空间规划提出的要求，城市发展战略的制定，必备基础是对城市的社会、自然、技术和经济等多方面的发展条件进行充分研究，对城市发展规模进行预测，对今后的发展方向和用地的布局进行科学合理的选择，结合环境和工程技术方面提出的要求，对城市各项工程设施进行综合安排，提出近期控制引导举措。具体而言，包括以下内容：

（1）收集、整理和调查基础资料，研究和分析满足社会经济发展目标的举措条件和城市规划工作的基本内容。

(2)对城市的发展战略进行深入研究和明确,对于城市未来的发展规模作出预测,拟定城市分期建设的技术经济指标。

(3)使城市功能的空间布局进一步明确,对城市各项用地进行合理选择,对城市空间的长远持续发展进行认真思考。

(4)尽早提出市域城镇体系规划,使规划区域性基础设施的原则进一步明晰。

(5)拟订改造和利用原有市区、开发新区的原则、方式和程序。

(6)对城市规划中涉及的各项工程措施和市政设施的原则和技术方案进行确定。

(7)继续拟定城市建设提出的艺术布局原则和要求。

(8)以城市基本建设的计划作为依据,有序安排城市规划涉及的各项重要经济建设项目,并将其作为设计各单项工程的重要依据。

(9)结合建设的具体需求和可能性,提出规划实施的具体措施和步骤。

此外,因为不同城市具备的发展战略、自然环境、建设速度、发展规模和现状条件都有很大的区别,要结合不同城市的具体情况制定不同的规划工作内容。一般而言,新建城市的第一期面临着较大的建设任务,所具备的原有物质建设基础设施水平较低,要充分利用工业建设需求满足的条件,将建设生活服务设施和城市基础设施的问题进行妥善解决,在规划现有城市的过程中,要充分利用城市的原有基础和资源,以老区作为依托和基础,将新区发展起来,对老区开展有计划性的改造,让新区和老区实现统一协调发展。其实,不管新城区还是老城区,随着社会和时代的变迁也在不断进行新陈代谢,城市的建设条件和发展目标也发生了新的变化,所以,调整和修订城市规划是一项周期性的工作。要结合城市的不同性质,制定出符合各自特色和重点的规划内容。

2. 城市设计的方法

(1)城市设计的物质—形体分析方法

第一,视觉秩序分析。这种方法源远流长,深受那些受美学教育并习惯于以艺术品的角度来观察城市的建筑师们的喜爱。然而,随着工业革命的推进，由于人们对经济、人口和城市规模巨大变化的热衷，这种视觉秩序分析方法曾一度被忽视。尽管如此，也必须要强调，整个城市规划应被视为一种激动人心的、充满情感的艺术作品。城市设计和规划师需要直接掌握和创造城市环境中的公共建筑、广场与街道之间的视觉关系，这种关系应当是"民主"的，相辅相成的。总体而言，视觉秩序分析途径的优点是"注重城市空间和体验的艺术质量，这是任何一个城市的设计建设都必须认真加以考虑研究的重要方面；其缺点则应归于方法的单一视野，只看到视觉艺术和形体秩序，掩盖了城市实际空间结构的丰富内涵和活性，特别是社会、历史和文化诸方面对城市设计的影响"[①]。在当代，这一途径往往与其他分析途径结合运用。

第二，关联耦合分析。罗杰的关联耦合理论分析的客体是城市诸要素之间联系的"线"，这一分析途径旨在组织一种关联系统或一种网络，从而为有序的空间建立一个结构，但重点是循环流线的图式，而不是空间格局。关联耦合分析认为，运动系统和基础设施对驾驭外部空间格局具有先决作用。

在城市空间设计中，耦合分析途径主要是通过基地的主导力线，为设计提供一种空间基准，把建筑物与空间联系在一起，这种空间基准可以是一块条形基地，一条运动的方向流，一条有组织的轴线，甚至是一幢建筑物的边缘。一旦其所在空间环境需要发生变化和做出增减时，这些基准就会综合发生作用，表现出一个恒常的关联耦合系统，这种基准有点类似于音乐中的五线谱，各种音符可以用无数种方式谱写，但五线谱是一种恒常的基线，它为作曲者提供了连续的参考线。

麦奇在一篇名为《集合形态研究》的论文中，曾经详细探讨了外部空间网络的创作要素问题。在论文中他认为，耦合性是外部空间最重要的特征，其实耦合性简言之就是城市的线索，它是统一城市中各种活动和物质形态诸层面的法则，城市设计涉及各种彼此无关事物之间的综合联系问题。根据麦奇的研究，城市空间可以分析概括为三种类型，即构图形态、巨硕形态和群

---

① 钟鑫. 当代城市设计理论及创作方法研究[M]. 郑州：黄河水利出版社，2019：124.

组形态。

构图形态包含了那些以抽象格局组合在二维平面上的独立建筑物。其关联耦合性是隐含的、静态的；互相之间的张力乃是独立的建筑物形状及其相对位置的产物，这在许多现代主义城市格局中非常常见，在这种构图形态中，建筑物本身要比开放空间的周边更为重要。

在巨硕形态中，个别的要素均被集聚组合到一个等级化的、开敞的并且是互相关联的系统网络中，耦合性是通过物质手段强加上去的。例如，高速道路网就常成为形态的发生器。

群组形态则是诸空间要素沿一个线形枢纽渐进发展的结果，这在许多历史城镇形态中（特别是小城镇）极为多见，在这里关联性既不是隐含的，也不是强加的，而是作为有机物的一个组成部分自然演化而生成的。簇集形态以材料的一致性，对自然地形、不同人群的尺度的一种明智而常常又是戏剧性的响应为特征。美国的爱丁堡、中国浙江绍兴的安昌等都是如此，其空间是从内部获得的，乡野空间则构成了限定社区场所的外部条件，聚落结构取决于内部要素和外部基地之间的一种必需的转换。

由此可知，关联耦合性可以作为使建筑和空间设计有序的主导性思路，而作为公共空间的构图，也是作为一个整体而建立起来的。

第三，图底分析。如果我们把建筑物作为实体覆盖到开敞的城市空间中加以研究，可以发现，任何城市的形体环境都具有类似格式塔心理学中图形与背景的关系，建筑物是图形，空间则是背景。由此入手，我们便可对城市空间结构进行分析，简称"图底分析"，这一分析途径始于18世纪诺利地图，也叫实—空分析，它虽然貌似古典，但却仍然是当代城市设计方法研究中的热门话题。

从城市设计角度而言，图底分析实际上是想通过增加、减少或变更格局的形体几何学来驾驭空间的种种联系，其目标旨在建立一种不同尺寸大小的、单独封闭而又彼此有序相关的空间等级层次，并在城市或某一地段范围内澄清城市空间结构。换言之，一种预设实体和空间构成的"场"决定了城市格局，这常常称为城市的结构组织，它可以通过设置某些目标性建筑物和空间，如为"场"提供焦点、次中心的建筑和开敞空间而得到强化。而表达剖析这种城市结构组织最有效的图式工具就是"图底分析"，这是一种简化城市空间结构和秩序的二维平面抽象图，通过它，城市在建设时的形态意图便被清楚地描绘出来。

图底分析途径在诺利的罗马实空地图中曾得到极好的表达。"诺利地图"把墙、柱和其他实体涂成黑色，而把外部空间留白。于是，当时罗马市容及建筑物与外部空间的关系便和盘托出。由于建筑物覆盖密度明显大于外部空间，因而公共开敞空间很易获得"完形"，创造出一种"积极的空间"或"物化的空间"，由此推论，罗马当时的开放空间是作为组织内外空间的连续建筑实体群而塑造的，没有它们，空间的连续性就不可能存在。诺利地图反映的城市空间概念与现代空间概念截然不同。诺利地图反映的城市空间概念的外部空间是图像化的，具有与周围环境实体一气呵成的整体特质；而在现代建筑概念中，建筑物是纯图像化的、独立的，空间则是一种"非包容性的空间"。

"图底分析"理论进一步指出，当城市主导空间形态由垂直而不是水平方向构成时，要想形成连贯整体的城市外部空间几乎是不可能的。在城市用地中，设计建造的垂直方向扩展的实体要素，很容易使得大量不符合使用和娱乐用途的开放空间，如在许多现代住宅小区中，由于高层公寓的存在，建筑覆盖率很低，所以很难赋予空间以整体连贯性。与"诺利地图"不同，这种"空"给人的主要印象是作为主体存在的建筑物，而存在关联的街区格局则已不复存在。

为了弥补上述不足，重新捕获外部空间的形式秩序，我们可以把空间和街区的周边很好地结合起来，人为地设计一些空间阴角、壁龛、回廊、死巷等外部空间的完形。欲取得积极的外部空间，更方便的途径乃是吸取历史上城镇形态的精华，运用水平向的建筑群，并使建筑大于外部空间覆盖率，形成一种"合理的密集"。从概念上而言，也就是空间由建筑形体塑造而成，这已经成为今天旧城更新改造和步行街设计的一条行之有效的原则。

空间是城市体验的中介，它构成了公共、半公共和私有领域共存和过渡的序列，正是空间实与空的互异构成了城市不同的空间结构，建立了场所之间不同的形体序列和视觉方位，城市中"空"的本质取决于其四周实体的配置，绝大多数城市中实体与空间的独特性取决于公共空间的设计，同时，这种"图底分析"还鲜明地反映出特定城市空间格局在时间跨度中所形成的"肌理"和结构组织的交叠特征。

"图底分析"是现代城市设计处理错综复杂的城市空间结构的基本方法之一。国际上一系列规划设计竞赛中，许多获奖方案都对基地文脉进行了这种分析。

（2）城市设计的场所—文脉分析法。人的各种活动及对城市环境提出的种种要求，乃是现代城市设计的最重要的研究方向。

场所—文脉分析理论和方法，在处理城市空间与人的需要、文化、历史、社会和自然等外部条件的联系方面，比物质—形体分析前进了很多，其主张强化城市设计与现存条件之间的匹配，并将社会文化价值、生态价值和人们驾驭城市环境的体验与物质空间分析中的视觉艺术、耦合性和实空比例等原则等量齐观。

从物质层面而言，空间乃是一种有界限的或有一定用途并具有在形体上联系事物的潜能的"空"。但是，只有当它从社会文化、历史事件、人的活动及地域特定条件中获得文脉意义时方可称为场所。文脉与场所是一对孪生概念，从类型学的角度，每一个场所都是独特的，具有各自的特征，这种特征既包括各种物质属性，也包括较难触知体验的文化联系和人类在漫长时间跨度内因使用它而使之赋有的某种环境氛围。换言之，如果事物变化太快了，历史就变得难以定形，因此，人们为了发展自身，发展他们的社会生活和变化，就需要一种相对稳定的场所体系，这种需要给形体空间带来情感上的重要内容——一种超出物质性质、边缘或限定周界的内容，也就是所谓的场所感。于是，建筑师的任务就是创造有意味的场所，帮助人们栖居。最成功的场所设计应该是使社会和物质环境达到最小冲突，而不是一种激进式的转化，其目标实现应遵守一种生态学准则，即去发现特定城市地域中的背景条件，并与其协同行动。

（3）城市设计的相关线—域面分析方法。城市设计方法由于各自视角和着眼点的不同，都有其难以避免的"盲点"，若设计师专注于其中一种，则常顾此失彼。因此，一个有生命力的城市具有多重复合的本质特征，既有文化、艺术概念，又有工程和技术概念。据此，我们可以尝试建立一种综合和整体的分析方法，它将以城市空间结构中的"线"作为基本分析变量，并形成从"线"到"域面"的分析逻辑。

此处的"线"含义广泛，涵盖多种类型。具体可分为以下四种：①在城市域面上，那些清晰可辨的实际存在的"线"，如工程线、道路线、建筑线、单元区划线等，这些在物质层面上有所体现，我们称之为"物质线"。②人们在城市域面上对物质形体产生的心理体验和感受，形成了虚拟的"力线"，如景观和高大建筑物的空间影响线。这些线以人的感知为基础，离开人的感知便不复存在，因此被称为"心理线"。③人的"行为线"则由人们周期性的节律运动及其所在的城市空间构成，常发生于城市道路、广场等开放空间。④此外，还有设计者和建设管理者在城市建设实践中形成的各种控制线，这些线具有主观能动性和积极意义，是设计干预的结果，如现代城市设计中的区划辅助线、规划设计红线、视廊、空间控制线等，我们称之为"人为线"。

在这些"线"中，"物质线"和"心理线"涵盖了"图底分析""关联耦合分析"等形体层面的研究成果，而"行为线"则与"场所—文脉"分析紧密相关。在进行具体分析时，我们可以遵循以下程序：

第一，确立所需分析研究的城市客体域面的范围，进行物质层面诸线的分析，探寻该域面的空间形态特点、结构形式以及问题所在。具体内容包括交通运输网络、人工物与自然物的结合情况、基础设施分布及其影响范围、街巷网络以及各单位的区划范围等。进而我们又可分析城市空间中诸节点、标志物、历史建筑或高大建筑物在城市开放空间中形成的各种影响线，它是人们经常性地在心理上体验、认知并以此构成场所感和文化归属意义的重要组成部分。

第二，在物质层面上的分析进行之后，我们又可加上"人"的要素。于是城市物质形体空间、人的行为空间和社会空间便交织在一起，构成名副其实的场所。如果我们将人的行为活动及某一场合（时刻）在城市物质空间中的分布情况、变化特征和轨迹有意识地记录建档，并将其与"道路线""建筑线"等放在一起进行平行比较分析，我们便能理解、找寻到研究范围内的物质空间结构与人的行为活动之间的相互关系，并可直接发现空间占有率、空间结构、空间形状及比例尺度是否恰当等问题。

综上所述，城市设计者就可做出对策研究，同时穿插对若干规划设计辅助线、控制红线等"人为线"的分析探讨。将上述诸"线"叠加，或者类与类之间复合，便形成城市的各种网络，如道路结构网络、开放空间体系及其分布结构、空间控制分区网络等，对该网络进行综合分析和研究，设计者便可最终理解给定的城市分析域面的种种特质和内涵，并为下一步微观层次的空间剖析奠定坚实的基础。

（三）城市规划设计的重要性

城市规划设计对于城市的未来发展具有极其重要的意义。下面来探讨城市规划设计重要性：

第一，城市规划设计是城市未来发展的蓝图和总体计划，它涉及城市的整体布局、功能分区、交通组织、基础设施建设等多个方面。通过科学的规划，可以确保城市各项建设有序进行，避免无序发展和资源浪费。

第二，城市规划设计有助于提升城市的生活品质和居民幸福感。合理的规划可以优化城市空间结构，创造宜居的环境，提高城市的绿化率和环境质量。同时，通过规划公共服务设施、文化娱乐设施等，可以满足居民多样化的需求，提升居民的生活满意度。

第三，城市规划设计对于促进城市经济发展也具有重要意义。通过规划产业发展方向、优化产业布局，可以吸引更多的投资和企业入驻，推动城市经济的快速增长。同时，规划还可以创造更多的就业机会，缓解就业压力，提高居民的收入水平。

第四，城市规划设计有助于保护和传承城市的历史文化。在规划过程中，需要充分考虑城市的历史文化特色，保留和传承历史文化遗产，避免盲目拆迁和破坏。通过规划，可以展现城市的独特魅力，提升城市的文化软实力。

第五，城市规划设计还有助于提高城市的应对能力。在面临自然灾害、突发事件等挑战时，通过科学合理的规划，可以优化城市的应急管理体系，提高城市的抗灾能力和应对能力。

（四）城市规划设计的具体原则

"城市规划是一项科学性、应用性和综合性都很强的工作，在我国现代化城市的规划与建设中，对于城市的整体功能布局和环境保护、规划效果都提出了较高的标准和要求，由于每个城市都存在不同的地理位置、自然环境、经济状态、民俗风情等方面的差异，所以在实际工作中，我们要根据当地的具体情况进行城市规划设计，并且始终把科学发展观作为指导思想"[①]。城市规划设计旨在促进城市的快速和优质发展。规划和设计虽各自独立，却相互依存，形成了一种因果关系。规划为城市发展的蓝图，而设计则在此基础上细化和实现。二者相辅相成，共同服务于城市的进步。在国家的进步历程中，城市规划和设计有时各自独立，有时又相互融合，使得城市设计的内涵逐渐丰富，涵盖的领域不断扩展。然而，无论其如何演变，城市设计始终致力于实现和彰显城市规划的核心理念。城市规划设计主要遵循以下原则：

1. 舒适宜人的原则

随着现代社会的发展，人们对居住环境的要求越来越高，舒适宜人成为城市规划设计的重要原则。从历史的角度来看，城市设计的风格各异，彰显出不同的魅力。但总体来说，可以归纳为两大类：一是大国风采的蔚为壮观，二是柔美自然的脱俗风采。这两种风格分别代表了快节奏和慢节奏两种截然不同的生活方式。

在中国的城市建设中，大国风采的体现尤为突出。例如，故宫建筑群，以其庄严的造型、宏大的气势和精湛的工艺，成为中国历史的象征和建筑界

---

① 李红霞. 当代城市规划设计简析 [J]. 城市建设理论研究（电子版），2015（23）：6616.

的里程碑。这些建筑以木结构为主,采用对称原理进行设计,细节处则雕刻有图腾和吉祥物,展现了古人技术的精湛和建筑物当时的政治地位。

以北京为例,这座城市的规划方方正正,道路如棋盘般布局,与西安相似。这种布局与北京的历史紧密相连,以故宫为中心左右对称,中轴线南起永定门,北至钟鼓楼。这种规划不仅体现了中国城市建造的传统特色,还保护了北京的古都风貌。

然而,与大国风采的蔚为壮观不同,柔美自然则更注重与自然的和谐共生。江南水乡和凤凰古城等地方,虽然没有那种宏大的气势,但却有着独特的自然风采。它们贴近自然,田园村舍、小桥流水、河湖交错,形成了一种慢节奏的生活方式。这种生活方式让人在如诗如画的环境中流连忘返,为疲惫的身心带来一丝慰藉。

在现代社会,随着竞争的加剧和生活压力的增加,人们越来越追求慢节奏的生活方式。因此,在城市规划设计中,也开始注重慢节奏生活元素的融入。比如,增加绿化面积、设置休闲空间、优化交通布局等,都是为了让城市更加宜居、宜业、宜游。

2. 尊重自然的原则

自然是人们赖以生存的基石,是人类文明发展的摇篮。它与人类的关系千丝万缕,紧密相连。自古以来,人类就在不断地探索与自然的和谐共生之道。然而,随着城市化进程的加速,人类活动对自然环境的影响日益显著。如何在城市规划设计中,贯彻尊重自然的原则,实现人与自然的和谐发展,已成为当今社会亟待解决的问题。

在城市规划设计中,我们要充分考虑自然环境,尊重自然规律,以不破坏自然环境为前提。城市的发展不能以牺牲自然环境为代价,我们要尽可能地减少人为破坏,保护好自然,就是保护好人类的家园。自然资源一旦被破坏,恢复起来将非常困难,甚至无法恢复。因此,在城市规划设计中,我们要遵循可持续发展的理念,注重生态环境的保护和修复。

现实生活中,因破坏自然环境而引发的灾祸屡见不鲜,让人触目惊心。例如,过度开采矿产资源导致地面塌陷、水源污染;乱砍滥伐森林导致水土流失、生态失衡；过度开发房地产导致城市热岛效应加剧；等等。这些灾祸不仅给人类带来了巨大的经济损失，更对人类的生存环境造成了严重破坏。因此，我们必须深刻反思，重新审视人类与自然的关系，树立尊重自然、保护自然的观念。

在全球范围内，环境保护已成为共识。许多国家和地区都在积极进行环境保护工作，努力实现可持续发展。在城市规划设计中，人们会刻意做出一些路线和建筑的改变，以保护自然环境。例如，在建筑设计中采用绿色建筑材料，提高建筑的节能性能；在城市规划中设置绿地、公园等生态空间，为市民提供休闲、娱乐场所；在交通规划中优化交通结构，减少机动车尾气排放；等等。这些措施不仅有助于改善城市生态环境，提高市民的生活质量，还能促进城市的可持续发展。

3. 激发活力的原则

城市规划设计不仅仅是关于建筑和道路的布局，更是关于如何激发城市活力，使其成为一个充满生机和吸引力的地方。活力，作为城市的核心要素，涵盖了经济、文化、社会和环境等多个方面。那么，如何在城市规划设计中激发活力，应主要根据以下原则进行探讨：

（1）以人为本是激发城市活力的基础。城市是人们的聚集地，因此，满足居民的需求和期望是至关重要的。规划设计应该关注人们的日常生活、工作、休闲和交通等方面因素，确保城市的设施和服务能够满足不同人群的需求。例如，提供多样化的住房选择、便捷的交通网络、丰富的公共空间和舒适的休闲场所，都能让城市更加宜居和吸引人才。

（2）多元性是激发城市活力的关键。一个多元化的城市往往更具包容性和创新性。在城市规划设计中，应该注重不同文化、产业和功能的融合。通过引入多样化的建筑风格、文化活动和商业业态，可以丰富城市的内涵和魅力。同时，鼓励创新和创业，为城市注入新的活力和动力。

（3）可持续发展是激发城市活力的必要条件。随着环境问题的日益严重，城市的可持续发展变得尤为重要。在规划设计中，应该注重环境保护、资源节约和生态平衡。例如，采用绿色建筑材料、推广可再生能源、建设雨水收集系统等，都是实现城市可持续发展的有效手段。一个环境友好、资源高效的城市，不仅能够吸引更多的投资和人才，还能够提升居民的生活质量和幸福感。

（4）良好的社区互动也是激发城市活力的重要因素。一个充满活力的城市应该拥有良好的社区氛围和互动机制。通过规划设计，可以促进社区居民之间的交流与合作，增强社区的凝聚力和归属感。例如，打造开放式的社区空间、举办丰富多彩的社区活动、建立便捷的社区服务体系等，都能够增强社区的活力和吸引力。

（5）技术创新也是激发城市活力的重要手段。随着科技的快速发展，城市规划设计应该充分利用新技术来提升城市的智能化和便捷性。例如，通过引入智能交通系统、建设智慧社区、推广物联网应用等，可以提高城市的管理效率和服务水平，为居民创造更加便捷和舒适的生活环境。

二、城市更新视角下的综合系统规划设计

城市更新，作为一个涉及城市社会、经济和物质空间环境等多个层面的综合性工程，具有全局性和战略性的重要意义。其工作重心在于处理那些由功能、空间、权属和耦合等多个维度交织而成的复杂城市空间系统。这包括但不限于绿地、居住、商业、工业等多元化的功能系统，建筑、交通、景观、土地等构成的空间系统，以及国有、集体、个人等不同的权属系统。此外，功能结构耦合、交通用地耦合、空间结构耦合等耦合系统也需纳入考虑范围。

鉴于城市更新的复杂性和系统性，我们必须在其规划过程中始终坚持系统论的思想指导。通过运用系统理论的整体性、动态性和组织等级性原则，有效控制和引导城市更新的开发建设，确保其实施的顺利进行。例如，依据整体性原则，规划控制应着眼于大局和整体，平衡局部与整体、单方效益与综合效益之间的关系。同时，根据动态性原则，我们需要在城市更新的规划控制中构建反馈协调机制，妥善处理近期更新与远景发展的关系，避免短视行为，确保城市的可持续发展。只有这样，才能推动城市更新工作逐步走向

系统化和科学化的轨道。

（一）城市更新规划的系统建构

"城市更新改造具有面广量大、矛盾众多的特点，传统的形体规划设计已难以担当此任，需要建立一套目标更为广泛、内涵更为丰富、执行更为灵活的系统控制规划"[①]。一方面，需要在深入细致的现状调查和研究的基础上，建立合理的规划编制流程；另一方面，依据系统控制理论，建立更新规划的控制系统，将复杂的城市更新规划整合到一个系统中，构建科学合理的规划控制体系。

1. 城市更新规划的编制流程

在当今快速发展的时代背景下，城乡规划显得尤为重要。城乡规划不仅是对空间的规划与组织，更是对社会、经济、文化等多方面的综合考量。一个成功的城乡规划需要经历四个关键步骤：规划基础、规划构思、规划深化和成果表达。

（1）规划基础阶段：它涉及对现状的深入了解和分析，包括地籍、房屋等复杂权属，各类用地与建筑的使用功能，社会、人口、产业、经济等基本特征，以及交通、市政设施、公共服务设施等各类系统的耦合情况。这些基础信息的梳理和整合，为后续的规划构思提供了有力的支撑。

（2）规划构思阶段：这一阶段的核心是构建目标体系和策略体系。目标体系应该是一个多元的目标体系，旨在实现政治、空间、生态、经济、社会、文化等多方面的协调发展。策略体系则包括总体策略、功能优化策略、空间整合策略、环境提升策略、结构梳理策略等，这些策略的制定需要紧密结合目标体系，确保规划的有效实施。

（3）规划深化阶段：这一过程需要从空间体系和实施体系两个方面入手。空间体系方面的规划深化内容包括用地功能布局、交通系统规划、绿地系统规划、建设指标控制等，这些都是确保城乡规划空间合理性和可行性的关键。实施体系方面的规划深化内容则涉及市场经济政策引导、建设时序分

---

① 阳建强. 城市更新[M]. 南京：东南大学出版社，2022：189.

期、实施策略、经济测算、项目策划等,这些内容的细化将有助于提高规划的可操作性和实施效果。

(4) 成果表达阶段:在这一阶段,需要综合考虑国民经济和社会发展规划、城乡规划、土地利用规划、环境保护、文物保护、综合交通等各方面的规划对接与协同规划。通过地块控制、交通控制、场地控制、建筑控制、指标控制、建设引导等方式,实现多维控制,确保城乡规划的整体性和协调性。

2. 城市更新的体系建构

为了确保城市更新的顺利进行,必须建立一个完整的城市更新体系,这个体系包括评价体系、目标体系、规划控制体系和组织实施体系四个部分。

(1) 评价体系。评价体系是城市更新体系的基础。它负责收集和评价更新地区的历史和现状资料,为更新目标的制定提供必要的基础信息支撑。同时,评价体系还要解读国家政策背景,衔接国土空间总体规划等上位规划,落实近期城市规划重点等内容,为最后的城市更新目标决策提供依据。评价体系通过对更新地区的社会发展、城市建设、文化传承、环境品质、经济活力进行综合评价,为下一步更新区划定、更新目标与策略的制定提供决策依据。

(2) 目标体系。目标体系是城市更新体系的核心导引。它根据评价资料更新基地选定和城市的发展战略及其他有关信息,从整体上为城市更新制定规划目标,并根据实施情况不断对目标进行补充和修正。目标体系应具有高度的前瞻性,以确保城市更新规划的高质量实现。同时,目标体系对于现实情况的变化应具有敏捷的反应能力,其目标可以不断进行调整。这样的目标体系将直接决定着城市更新的方向,引导城市朝着更加宜居、繁荣、可持续的方向发展。

(3) 规划控制体系。规划控制体系是城市更新体系的控制核心。它负责按照规划目标和其他有关政策法规对城市更新的实施进程进行切实的控制和引导,最终实现预定的更新目标。规划控制体系既是城市更新规划目标的延续和引申,又是控制管理的直接依据。它决定了整个城市更新规划如何开展与落实。在建立规划控制体系时，需要根据实际需求，按照宏观、中观、微观不同层面分别制定不同深度的相应控制要求。同时，要保持一定的适应性和灵活性，并根据客观情况的变化通过一定的程序进行补充和修改。这样的规划控制体系将确保城市更新的有序进行，防止城市的无序蔓延和资源浪费。

(4) 组织实施体系。组织实施体系是城市更新体系的具体操作体系。它由政府相关部门组成的管理组织、政府、市场或权利人等构成的实施组织以及社会公众组成的监督组织构成。根据不同的更新对象，会产生不同的更新路径。组织实施体系需要根据更新项目的实际情况，形成具体的操作路径。目前，国内城市更新的政府管理组织主要有两种形式：一种是政府成立城市更新局，如深圳市城市更新与土地整备局；另外一种是政府成立工作领导小组，如上海成立城市更新和旧区改造工作领导小组。这些组织将为城市更新的顺利实施提供有力保障。

(二) 城市更新规划的目标体系

1. 城市更新目标特征与原则

(1) 城市更新目标特征。城市更新的目标特征，不仅关乎城市的未来面貌，更直接关系到居民的生活质量和城市的可持续发展。

第一，提升城市功能。随着城市的发展，一些老旧区域的功能逐渐衰退，无法满足现代城市生活的需求。因此，城市更新的首要任务是通过改造、重建等方式，提升这些区域的功能，使之能够适应现代城市的发展需求。比如，可以通过建设商业综合体、公园绿地等方式，改善老旧区域的商业环境和生活品质。

第二，改善城市环境。随着城市化的推进，一些城市出现了环境污染、交通拥堵等问题。城市更新通过优化城市空间布局、改善交通状况、增加绿化等方式，为居民创造更加宜居的环境。城市更新还强调社会公平与可持续发展。在城市更新过程中，需要关注弱势群体的利益，确保他们能够在城市更新中受益。同时，城市更新还需要注重可持续发展，通过节能减排、循环利用等方式，减少对环境的影响，实现城市的可持续发展。

为了实现这些目标特征，城市更新需要综合考虑城市规划、建筑设计、环境保护、历史文化保护等多个方面。同时，还需要注重与居民的沟通与交流，确保城市更新的方案能够得到广大居民的认可和支持。

（2）城市更新目标原则。城市更新是一个为了城市的持续发展而对城市进行自觉的机能调整与完善的过程，它不仅关乎城市的物质面貌，更与城市的综合社会效益息息相关。在这个过程中，城市更新应遵循城市发展总的客观规律，并坚持系统观、效益观、环境观、社会观和文化观等原则。

第一，系统观。系统的城市更新并非包含城市更新内外联系的所有因素，而是视城市更新为统一整体，从各组成系统部分及其相互之间存在关系的全部出发，寻找系统最佳存在状态。坚持城市更新的系统原则即坚持城市整体效益高于局部效益之和。

第二，效益观。城市更新的经济效益观原则，要求城市更新需要考虑为产业布局与结构调整服务，通过城市更新为技术迭代提供产业空间，增强城市经济活力，为城市发展带来经济效益，服务城市经济建设。

第三，环境观。以综合环境品质提升为目标确定原则，针对空间治理问题，分类开展整治、修复与更新，有序盘活存量，提高国土空间的品质和价值，建设生态宜居环境。

第四，社会观。以社会观进行城市更新，总的目标是为社会各阶层人士提供和创造一个良好、舒适、健康、优美的工作和生活环境，以人为核心，满足各自需求，实现社会的公正与平等。

第五，文化观。文化观要求城市更新应从文化高度来认识城市历史文化遗产的重要价值，在城市更新中坚持贯彻历史文化保护原则，并具体加以深化和落实。

2. 城市更新的总体目标

城市更新的总体目标在于促进城市的转型与发展，通过不断优化城市结构与功能，提升城市发展的质量与品质，增强城市的整体机能与魅力。这一目标旨在使城市能够更好地适应未来社会和经济发展的需求，同时满足人民对美好生活的向往，从而实现一种全新的动态平衡。在此过程中，我们需要树立"以人为核心"的指导思想,将提高群众福祉、改善民生、完善城市功能、传承历史文化、保护生态环境、提升城市品质、彰显地方特色、增强城市内在活力以及构建宜居环境作为根本目标。为实现这一目标,我们将采用整治、改善、修补、修复、保存、保护以及再生等多种方式,进行综合性的更新改造。这一更新改造将注重社会、经济、生态、文化等多维价值的协调统一,推动城市实现可持续与和谐全面发展。

3. 城市更新的目标体系

城市更新不仅涉及物理空间的改造,更涉及经济、社会、文化、环境等多个方面的目标。以下从产业经济、空间优化、环境提升、设施完善、文化传承以及社会发展等六个方面,对城市更新的目标进行深入探讨,以期为城市更新的实践提供理论支持。

(1) 城市更新的产业经济目标。城市更新的产业经济目标,是以经济发展为核心,通过优化产业结构、提升产业技术、改进产业管理模式等手段,实现城市经济效益的提升。这一目标的实现,不仅能够促进产业布局的调整和更新,还能推动城市道路、交通系统等基础设施的完善,从而为城市的可持续发展奠定坚实的基础。然而,我们也应看到,单纯追求经济增长的城市更新可能会带来一系列副作用,如投机性建设、土地过度开发、环境污染以及历史文化破坏等问题。因此,在追求产业经济目标的同时,我们必须注重可持续发展的理念,兼顾环境保护和文化传承,确保城市更新的良性循环。

(2) 城市更新的空间优化目标。空间优化目标是城市更新过程中的重要内容。在我国城市化进程中,随着人口的不断集聚和土地规模的扩张,城市内部空间结构发生了深刻变化。城市更新的空间优化目标,旨在通过优化土地利用结构、调整空间布局,实现城市内部空间的高效利用和资源的合理配置。这一目标的实现,不仅有助于提升城市的整体功能和形象,还能为居民提供更加舒适、便捷的生活环境。同时,空间优化目标的实现也需要与产业经济目标相协调,确保城市发展的整体性和可持续性。

(3) 城市更新的环境提升目标。随着环境问题的日益突出,城市更新的环境提升目标愈发重要。这一目标强调在城市更新过程中,应注重环境治理、环境保护和人居环境改善。通过山体修复、水体治理、污染治理等手段，改善城市生态环境；通过增加公共空间、改善出行环境等措施，提升居民的生活质量。环境提升目标的实现，不仅有助于提升城市的宜居性，还能为城市的可持续发展提供有力支撑。

（4）城市更新的设施完善目标。设施完善目标是城市更新中以人为本的重要体现。城市更新的设施完善旨在通过完善交通、文化、教育、卫生等公共设施，提升城市的综合承载能力，满足居民的基本生活需求。同时，设施完善目标的实现也有助于提升城市的吸引力和竞争力，推动城市的可持续发展。在设施完善的过程中，我们还应注重与土地利用、土地开发模式等方面的协调，确保城市更新的整体性和系统性。

（5）城市更新的文化传承目标。随着全球化的深入发展，城市的文化特色和历史价值愈发受到重视。城市更新的文化传承目标旨在保护和传承城市的历史文化，体现城市的文化特色。通过尊重现有城市的历史价值、生活方式、历史风貌和景观特色等手段，实现文化的传承与发展。文化传承目标的实现，不仅有助于提升城市的软实力和形象，还能为居民提供更加丰富的精神文化生活。

（6）城市更新的社会发展目标。城市更新的社会发展目标旨在维护社会公正与安宁，促进社会和谐与稳定。通过提高就业率、改良社会管理模式、完善社区邻里结构和社会网络等措施，提升居民的社会归属感和认同感。同时，城市更新还应注重保护原住民的权益，确保他们在城市更新过程中的利益得到保障。

（三）城市更新规划的控制体系

1. 城市更新规划与规划体系

根据《中共中央国务院关于建立国土空间规划体系并监督实施的若干意见》，国土空间规划体系的总体框架由"五级三类四体系"构成。其中，"五级"是指规划层级上涵盖国家级、省级、市级、县级、乡镇级的五级国土空间规划；"三类"则是指规划类型上包括总体规划、详细规划以及相关专项规划三种类型；"四体系"则是规划运行体系上的编制审批体系、实施监督体系、法规政策体系和技术标准体系四个子体系。关于"三类"中的规划类型，具体界定如下：

第一，"总体规划"是对一定区域内的国土空间在开发、保护、利用、修复方面做出的总体安排，强调综合性，例如国家级、省级、市县级、乡镇级国土空间总体规划。

第二，"详细规划"是对具体地块用途和开发建设强度等做出的实施性安排，强调可操作性，是规划行政许可的依据，一般在市县及以下层级进行编制。

第三，"专项规划"则是指在特定区域、特定流域或特定领域，为体现特定功能，对空间开发保护利用做出的专门安排，是涉及空间利用的专项规划，强调专业性。这些专项规划由相关主管部门组织编制，可在国家、省和市县层级编制。不同层级、不同地区的专项规划可根据实际情况选择编制的类型和精度。

第四，在详细规划层面，更新规划可以作为更新单元的详细规划，与控制性详细规划共同确定公共管控要素。同时，它还可以细化到修建性详细规划阶段的精细化城市设计，为社区整治与空间微更新提供依据。

第五，在专项规划层面，更新规划既可以作为深化落实城市总体规划的专项规划，也可以作为某类特定功能区的城市更新专项规划。

综上所述，可以看出城市更新规划在国土空间规划体系中扮演着重要的角色，与总体规划、详细规划以及专项规划有着紧密的关联和互动。在实际应用中，应充分理解和把握这些规划类型的特点和要求，确保城市更新规划的科学性和有效性。

2. 城市更新规划体系总体框架

随着我国城镇化进程从高速增长阶段过渡到中高速增长阶段，城市土地资源管理日益严格，使得"土地"向"土地资源"转化的成本逐步攀升。多数城市已步入从增量用地向存量用地价值深度挖掘的发展新阶段。不仅大都市的核心城区，部分快速发展地区的镇区亦面临再更新与再发展的挑战。目前，全国各地正积极推进城市更新规划的编制与实践，规划层次涵盖城市总体、不同片区及具体单元等多个层面。更新内容广泛涉及旧城居住区环境改善、中心区综合改建、历史地区保护与更新、老工业区改造及滨水地区复兴等多个方面，呈现出多样化、多层次和多角度的探索态势。

结合当前国土空间规划编制体系框架与我国正在进行的城市更新规划实践项目，城市更新专项规划的编制体系可构建为宏观、中观、微观三级体系。其中，宏观与中观层面的规划主要着眼于城市、区（县）及特定区域的整体视角，进行目标设定与统筹协调；而微观层面则着重于具体更新单元的开发控制与引导。

（1）宏观层面。宏观层面的城市更新须深入研究城市更新的动力机制与社会经济的复杂关系，探讨城市总体功能结构的优化与调整目标，分析新旧区的发展互动，以及更新内容与社会可持续综合发展的协调性。同时，还需考察更新活动对城市空间结构的影响，以及更新实践对地区社会进步与创新的推动作用。以城市的长远发展目标为导向，制定全面系统的城市更新规划，明确总体目标和策略。具体工作包括更新问题的诊断与评估、发展潜力分析、更新空间目标与策略的制定、更新改造行动计划及其实施保障制度的建立。宏观层面的城市更新通常以城市更新总体规划的形式呈现。

（2）中观层面。中观层面的城市更新，针对特大或大城市的实际需求，包括区（县）层面的更新规划及特定片区的空间优化与存量更新。其重点在于依据城市更新的中长期规划，落实更新目标和责任，在整合城市规划、土地规划和产业规划等多规的基础上，根据各区域的优先次序，为各区（县）或城市中的重点片区制定全面系统的更新规划，注重片区级的空间优化与功能区的存量更新。中观层面的更新规划涉及城市中心区空间优化、老旧小区改造、城中村改造、棚户区改造、产业园区转型、老工业区更新、滨水地区复兴及城镇综合整治等多个方面，如《南京市老城南地区历史城区保护与更新规划》《郑州西部老工业基地调整改造规划》等案例所示。

（3）微观层面。微观层面的社区城市修补与空间微更新聚焦于实施层面的城市更新规划设计。其核心在于协调各方利益，明确城市更新的具体目标和责任，细化规划控制要求，对特定区域或街坊的更新目标、模式、土地利用、开发建设指标、公共服务设施、道路交通、市政工程、城市设计、利益平衡及实施措施等进行详细规定。

3. 城市更新规划控制体系的建立

（1）规划控制的影响因素。综合不同层次城市更新规划的项目实践，从用地区位、交通条件、用地性质、现状建筑、开发方式与开发程序五个方面，分析影响城市更新规划控制的主要因素。

第一，用地区位。地区位置是规划控制的关键因素之一。不同的地区位置，其外部环境条件和土地使用价值的差异会对规划控制产生不同的影响。因此，需要采取相应的控制方式以适应这些差异。以城市中心区和郊区为例，两者的控制方式就有所不同。郊区地块受到周围环境的制约较少，但配套设施往往不足，这需要在控制中予以关注。而中心区地块则受到更多现状因素的制约，其功能要求也更为复杂，因此控制需要更为详细和全面。此外，中心区的地价通常远高于郊区，这在环境容量控制中必须得到体现。考虑到中心用地的商业经营效益较高，环境容量控制既要防止过度开发，也要避免利用不充分。因此，对于容积率的规定，既要设定最高限，也要设定最低限。

第二，交通条件。交通条件是决定规划控制的关键因素之一，其承载能力作为环境承受力的重要一环，直接决定了土地利用开发的强度。近年来，随着城市汽车保有量的激增，土地使用与交通发展之间的关联性愈发紧密。交通设施、出行方式以及可达性等因素，对土地的使用及人们的日常生活方式产生了深远影响。具备良好交通区位的地块，在开发强度上有一定的提升空间，尤其是围绕轨道交通站点的地块。鉴于大运量轨道交通能显著提升交通承载力，在确保与城市风貌协调统一的前提下，本着集约用地的原则，可适度加强开发强度。此外，交通条件不仅影响土地开发强度，还在一定程度上决定用地性质。例如，轨道交通换乘枢纽周边区域，因大运量交通汇集，适宜作为大型商业用地；而邻近快速交通线路的城市中心区边缘，则适合规划为物流商贸用地。

第三，用地性质。影响规划控制的最重要的因素就是用地性质，不同性质的用地有其不同的功能和环境要求。

一是，不同性质的城市用地按使用性质基本上可分为居住、商业、工业三大类。对于居住用地，其控制原则旨在确保居住环境的宁静、安全、卫生、舒适及便捷性。这主要体现在维护生态平衡、提供完善的社会服务以及创造宜人的建筑空间等方面。因此，除了常规的容积率、建筑密度、绿地率、人口密度等控制内容外，建筑间距和公共服务设施配套规定等也显得尤为重要。对于商业金融用地，其控制原则在于防范商业经营过程中可能引发的环境拥挤、交通混乱以及容量失控等问题，同时保持其独特的商业特色和氛围。除了环境容量的控制，建筑后退距离、停车与装卸场地规定、出入口方位以及商业广告、标志设置规定等也具有重要的控制意义。至于工业用地，鉴于工业生产可能对居住生活环境造成的危害，对其发展性质、规模及环境污染的控制尤为关键。此外，由于工业生产依赖于水电、交通等基础设施，因此还需通过给水量、排水量、用电量和运转量等指标来限制其发展规模。

二是，历史文化保护和城市景观保护地段的建设活动需与原有历史风貌特色相协调或强化其原有特征，故须制定特定的控制要求。一方面，除了满足用地本身的功能需求外，还须兼顾特殊的环境要求。例如，上海为了保护外滩风貌和旧城厢的传统特色，制定了建筑轮廓线设计引导，以及与其他一般规定有所区别的建筑体量、形态、高度等特别规定。另一方面，历史文化保护地段因保护对象的不同而具有差异化的控制要求。例如，北京制定的《北京市文物保护单位保护范围及建设控制地带管理规定》将文物保护单位周边的建设控制地带划分为五类，并分别制定了相应的控制要求。城市景观保护地段与历史保护地段一样具有其独特性，常因城市景观地段特色的不同而须采取不同的控制方式。例如，桂林中心区的详细规划，在满足一般城市中心区功能需求的基础上，还根据景观感知分析制定了建筑高度、密度、形式、色彩等控制引导原则，并在重点地段采用了具体的城市设计作为引导。

第四，现状建筑。现状建筑对规划控制的影响主要体现在，通过对现状建筑的建成年代、建筑质量、建筑层数、建筑风貌、建筑结构等的综合分析评价，判断现状建筑的拆改留，这将影响到未来规划控制的决策。对于建筑须拆除重建的地块，需要估算拆迁成本，综合评估拆建平衡比，通过资金平衡影响到用地开发强度的确定。保留建筑地块往往为具有一定历史价值的建筑所在的地块，此类地块的规划控制需要严格按照历史文化保护相关规范的要求。

第五，开发方式与开发程序。在城市化进程中，开发方式和开发程序是决定规划控制效果的关键因素。不同的开发方式和程序，需要不同的控制方式和深度，以确保城市发展的有序和高效。例如，零星开发、单项开发和近期开发，这些开发方式通常具有明确的目标和较小的控制范围。以苏州桐芳巷居住街坊改造详细规划为例，这一项目面临着复杂的建筑产权问题，包括公房、私房和单位房等多种类型。同时，该项目由多家单位和个体共同参与开发，使得规划控制变得尤为重要。因此，该控制规划提出了详细而明确的控制要求，以确保改造工作的顺利进行。相比而言，成片开发、综合开发和远期开发则具有更大的控制范围和更高的复杂性。这些开发方式往往由一家主要的开发公司统管，开发目标需要通过规划方案论证后才能逐步明确。因此，在这些情况下，开发控制应更加注重基本原则的把握，控制内容不必过于细致，以便为未来的灵活调整留出余地。值得注意的是，无论是哪种开发方式和程序，规划控制都需要遵循一定的基本原则。例如，保护生态环境、优化城市空间布局、提高居民生活质量等。同时，规划控制还需要考虑到社会、经济和环境等多方面因素，以实现城市可持续发展的目标。

在实际操作中，规划控制的具体实施还需要结合当地实际情况和法律法规的要求。此外，随着城市发展的不断推进，规划控制也需要不断地进行调整和完善，以适应新的城市发展需求。

（2）规划控制指标赋值方法。通过哪些方法来确定指标的数值，是一项十分重要和复杂的工作，目前国内主要采取以下方法：

第一，形态模拟法。在城市规划的领域中，形态模拟法被广泛应用。该方法以其独特的方式应对了规划过程中所面临的挑战，特别是在难以把握控制指标的情况下。形态模拟法不仅为城市规划提供了实用的工具，还为我们理解城市空间布局提供了独特的视角。形态模拟法强调在综合分析各种因素后，通过建筑空间布局来制定合适的方案。这些方案随后会加入社会、经济等因素的评价，进行深入研究与调整。这种迭代的过程确保了设计的合理性和可行性。在形态模拟法的实践中，设计因素被抽象和反推算出明确的控制指标。这些指标为城市规划提供了具体的指导，使得规划人员能够更准确地把握设计的方向和细节。然而，这种方法也存在一定的主观性，因为它可能取决于规划人员本身的规划设计能力。

第二，经验归纳统计法。此法常基于多年规划经验的总结，对已经实施的各种规划布局形式的技术经济指标进行统计分析，进而提炼出经验指标数据，并推广运用。其优点在于准确性和可靠性较高，但适用范围相对有限，主要适用于与原有总结情况相似的场合，面对新情况则可能力不从心。此外，经验指标的科学性和合理性在很大程度上依赖于统计数据的普遍性和真实性。

第三，环境容量推算法。该方法聚焦于基础设施（如道路交通、市政工程）、生态环境及公共服务设施等承载力因素，结合现状与规划设施的综合承载能力，预估规划期末的容量，并以此为依据确定用地指标。此法科学严谨，但涉及因素众多，分析参数复杂，资料收集与整理难度较大，须多专业协同分析，实施难度相对较高。

第四，人口推算法。依据上位规划确定的人口容量及人均用地指标，核算各类用地需求，如居住、办公、公共服务设施等。同时，根据人均居住建筑面积需求确定建筑规模。此法以居住人口为核心，推演各类指标需求，对总体规模和功能配比的控制相对合理。然而，仅凭此法难以将控制指标精准细化到具体地块。

第五，调查分析对比法。此法通过深入、广泛的现状调查，了解指标情况及区位差异，得出参考数据，找出规律，与规划目标对比后，综合平衡现状指标、规划条件及城市发展水平，确定合理的控制指标。如上海在确定区划容量控制指标时，便采用了此法。此法现实可靠，指标科学合理，但调查工作繁重，过程中可能遭遇问题，影响数据的真实性、可靠性。此外，此法主要参照现状指标，难以全面考虑其他影响因素，存在一定的局限性。

第六，数字技术模拟法。随着计算机技术的普及，数字技术在规划设计中得到了广泛应用。此法通过输入参数设置，模拟城市空间场景，确定规划控制指标。相较于传统形态模拟法，数字技术模拟法虽仍受人的意志影响，但计算机系统的科学计算提高了得出合理方案的可能性。特别是在不同参数优先条件下的规划模拟方案比选中，此法既节省时间又利于科学决策。

第七，经济测算法。不同容积率的用地能产生不同的经济效益，经济测算法根据土地交易、房屋搬迁、项目建设等市场信息，通过成本－效益分析确定合适的开发强度，以实现经济平衡并保障项目的顺利实施。此法可实施性强，但采用静态匡算方法，特别是在旧城更新中可能导致开发强度过高等问题。

以上是国内目前常用的几种方法，而在实际运用过程中，通常是多种方法的综合运用，为规划控制指标赋值，以提高规划决策的科学性与可操作性。

（3）规划控制的方式和深度。

第一，规划控制方式。综合我国现有的城乡规划编制体制、城乡规划法规与城乡规划编制技术要求，可采取以下规划控制方式：

一是，指标控制作为定量控制的重要手段，通过一系列控制指标对城市发展与用地开发建设进行精细化管理。这些指标包括约束性指标，用于对用地规模、容积率等关键要素进行严格控制；预期性指标，用以预测并引导城市发展方向和规模；规定性指标，对特定区域或特定项目的规划要求进行明确规定；以及引导性指标，用于指导城市发展方向和策略。通过不同类型指标的组合运用，能够实现对城市发展的多维度、多层次控制。

二是，条文规定作为一种定性或定量控制的方式，通过对控制要素和实施要求的阐述，为城市发展与用地开发建设提供了明确的指导和约束。这种方法特别适用于规划用地的使用说明，能够确保各类用地按照既定用途进行开发；同时，对于开发建设的系统性控制要求以及规划地段的特殊要求，条文规定也能够提供有力的支撑。

三是，图则标定通过在规划图纸上标注控制线和控制点，实现了对用地、设施和建设要求的精准定位控制。这种方法在城市总体层面的功能引导、重大基础设施布局以及单元管控划定等方面具有显著优势，能够确保城市空间的合理布局和功能的优化配置。同时，对于具体地块的规划建设，图则标定也能够提供具体的定位控制要求，为项目的实施提供有力保障。

四是，城市设计引导作为一种综合性的规划控制方式，通过提出一系列指导性的设计要求和建议，为开发控制提供了明确的管理准则和设计框架。这种方法不仅可用于城市总体层面的把控，确保城市整体风貌的协调统一；更适用于城市重要的景观地带和历史保护地带的特色塑造与文化传承，通过具体的形体空间设计示意，引导这些特殊区域实现独特的空间形态和文化内涵。

第二，规划控制深度。规划控制深度是城市规划编制过程中一个至关重要的方面，它直接关系到规划实施的可行性和有效性。在不同层次的规划编制中，规划控制的内容、方式以及深度均呈现出显著的差异。这种差异主要源于不同层次规划所关注的重点不同，以及其在规划体系中所处的位置和所承担的功能不同。

一是，从宏观层面来看，规划控制主要关注城市整体的空间布局、发展方向以及重大基础设施的布局等。在这一层次，规划控制的内容相对较为宽泛，控制方式往往采用政策引导、空间管制等手段，而控制深度则较为宏观，更注重战略性和方向性的把握。例如，在城市更新规划中，宏观层面的控制深度可能涉及城市整体功能区的划分、交通网络的优化以及生态环境的保护等方面。

二是，中观层面的规划控制则更加具体和细化，它主要关注城市某一特定区域或功能区的规划实施。在这一层次，规划控制的内容包括土地使用、建筑高度、容积率等具体指标，控制方式则更加注重对具体建设项目的指导和约束。控制深度相对于宏观层面更为具体，需要在保证整体协调性的基础上，对各项规划指标进行细致的量化和落实。在城市更新规划中，中观层面的控制深度可能涉及对老旧小区改造的具体方案、公共设施的布局以及交通组织的优化等方面。

三是，微观层面的规划控制则更加关注城市空间的细节和具体建设项目的实施。在这一层次，规划控制的内容通常包括建筑立面、景观绿化、交通设施等具体设计要素，控制方式则更加注重对具体建设行为的规范和引导。控制深度最为具体和深入，需要针对每一个建设项目进行详细的规划和设计。在城市更新规划中，微观层面的控制深度可能涉及对单体建筑的设计要求、街道景观的营造以及步行空间的优化等方面。

4. 更新规划控制的内容

不同层次的城市更新规划，其规划控制的主要内容与侧重点有所不同。其中市、区（县）级的城市更新总体规划侧重于根据城市发展阶段与目标、土地更新潜力和空间布局特征，明确实施城市有机更新的重点区域与机制，并结合城乡生活圈构建，系统划分城市更新空间单元，同时注重补短板、强弱项，优化功能结构和开发强度，传承历史文化，提升城市品质和活力，避免大拆大建，保障公共利益。更新单元规划则侧重于落实上级更新规划确定的要求，从城市功能、业态、形态等方面进行整体设计，明确具体更新方式，提出详细设计方案、实现途径等，对更新单元内的用地开发强度、配套设施等内容提出具体安排。

以下从城市更新总体规划与城市更新单元详细规划两个层面分别介绍更新规划控制的具体内容。

（1）城市更新总体规划。城市更新总体规划、区（县）更新总体规划、特定功能区存量更新规划均属于中观层面及以上的城市更新规划。结合更新规划控制体系的构成要素，城市更新总体规划控制的主要内容包括以下六个部分：确定更新目标与定位、用地布局与结构调整、更新区识别与更新单元划定、更新模式选择、更新强度分区、更新实施保障体系。

第一，确定更新目标与定位。

一是，更新目标控制内容从城市总体层面制定城市更新目标，更新总体目标控制的内容须涵盖产业经济、空间优化、环境提升、设施完善、文化传承、社会发展等多个子系统。

二是，更新策略控制内容鉴于城市更新系统的复杂性与更新涉及内容的多维性，城市更新策略应涵盖以下六个方面：

①产业升级。以城市总体层面的发展目标战略为指引，从提升城市能级角度考虑，疏解更新区域内的非核心职能，发掘区域空间潜力，加强城市发展高质量增长极和动力源的建设。依据城市能级与更新区域发展定位，提出大力发展的产业业态类型，明确需要强化与提升的产业功能区。

②空间优化。基于产业升级与区域功能提升的目标导向，宏观层面主要从城市空间结构调整方向、用地布局优化措施、重点更新区域导引、城市风貌协调与城市形象提升等方面提出空间优化策略。中微观层面空间优化策略需要体现土地集约使用，细化落实到具体用地，明确用地布局与结构调整的土地使用主导性质，为更新规划实施过程中的土地产权调整、土地整备提供规划指引。

③环境提升。深化和落实基本生态控制线及其管控要求，从生态保护、生态安全角度，提出重要功能区的生态恢复和整治复绿的措施，加大对生态环境敏感地区的保护，维护城市生态系统平衡，确保城市生态格局安全。提出通过城市更新，加强公园体系建设、生态水系恢复、城市绿道完善、公共空间改善、绿化覆盖率提高、丰富城市景观、实现人居环境提升的具体举措。

④社会和谐。城市更新中涉及人口疏解与平衡、不同群体保障性住房供给、文教卫体等公共服务设施的管理、社区管理与综合治理、本土文化与外来文化的融合等，从社会和谐的角度出发，提出相应的引导策略。

⑤设施完善。设施完善策略包括公共服务设施、道路交通设施和市政基础设施的完善。其中公共服务设施完善策略须包括旧区内现有大型公共设施的更新策略，以及根据区域发展需求对未来公共服务设施空间的预留，同时需要体现公共服务体系的完善与均衡，制定系统全面、涵盖各类交通方式的道路交通系统完善策略，提出更新区域市政管网升级改造的措施。

⑥文化传承。明确需要保护的各类历史文化遗产资源，既包括已经列入法定名录的历史文化遗产，同时也包括根据地方性法规和保护规划确定的需要保护的历史文化遗产。

第二，用地布局与结构调整。在人口结构调整、产业转型升级、更新目标策略等综合研究的基础上，明确城市更新区域的空间结构调整方向，确定城市更新区域内部的用地布局，将城市不同功能及其配比在用地上予以落实，确定土地使用主导性质。结合现状土地使用、用地权属、现状道路等情况，合理确定各类用地的边界、位置和规模。

第三，更新区识别与更新单元划定。更新区识别与更新单元划定在城市更新中占据重要地位。其过程不仅是对特定区域进行空间管制，更是为推行城市更新所必须界定的权利范围。目前，我国在这方面的实践主要以上海和深圳的城市更新单元、广州的城市更新片区为代表。这些界定的基础是对老旧居住区、低效工业仓储用地、低效商业区等不同类型的更新对象进行综合评价与识别。城市更新区域识别与划定的方法多种多样，内容纷繁复杂，但大体可归纳为加权评价体系的方法框架。这一体系应用广泛，其核心在于先选择评价因子，这些因子通常涉及建筑状况、区位条件、生态环境、发展潜力、交通状况等。随后，对这些因子进行量化处理，赋予相应的权重，并进行权重计算。最后，通过加权叠加的方式，得出综合计算结果。根据这些结果，结合定性与定量分析，我们可以有效识别与划定城市更新单元，并据此制定更新实施计划。

第四，更新模式选择。城市更新的方式并非将整个规划场地推倒重建，而是进行有针对性的局部更新，根据不同区域面临的问题，采取不同的更新模式。在综合评价和衰退类型判断的基础上，可主要分为以下五种更新模式：

一是，保护控制。以保护和修缮为主，用于功能不需要改变、物质环境也不需要改变的地区。

二是，修缮维护。以保护和修缮为主，用于功能不需要改变、物质环境较好的地区。

三是，品质提升。以修缮和整治为主，维持原有功能属性，用于功能不需要改变、地段物质环境一般的地区。

四是，整治改造。以环境整治、建筑改造、功能提升为主，用于功能需要改变、物质环境一般的地区。

五是，拆除新建。以拆除重建、改造开发、用地功能改变为主，用于功能需要改变、物质环境差的地区。

第五，更新强度分区。城市总体层面的强度分区指引，通常是在综合考虑区域基础设施承载能力（包括市政设施、道路交通、公共服务设施）、生态景观廊道、功能布局等因素的基础上，通过总体城市设计引导，确定强度分区指引，如深圳的密度分区指引、广州更新强度分区等。

（2）城市更新单元详细规划。城市更新单元作为落实城市更新目标和责任的基本管理单位，是协调各方利益、配建公共服务设施、控制建设总量的基本单位。城市更新单元规划控制的内容包括单元规模、功能业态、公共空间、公共服务设施、道路交通、市政公用设施、历史文化传承、城市风貌设计、公共安全等九大方面。

第一，单元规模控制。单元规划包括单元的占地规模与建设规模。其中单元占地规模包括单元的具体范围，明确更新单元的规模与具体划定边界，以及规划范围内的土地权属、现状土地使用、各类资源统计等。建设规模，需要依据相关规划，通过细化城市设计，明确管理单元内的建筑规模总量、建筑密度、容积率、绿地率等具体控制指标。

第二，功能业态控制与引导。功能业态方面，基于现状产业梳理与分析，制定产业发展目标与定位，植入适应性业态，并以功能定位与产业为依据，确定更新单元内各地块的用地性质与兼容性。具体规划分析与控制引导内容如下：

一是，现状产业梳理和分析。对更新单元产业的现状进行详细的梳理和解读，分析现状产业的类型、规模、活力等，总结产业现状问题，解读现状产业出现问题的根源所在。

二是，制定产业发展目标与定位。通过研究区域产业的竞合关系，以及周边区域发展战略分析，对更新单元未来产业发展的方向进行战略性选择和判断，提出产业规划目标与愿景。

三是，业态适应性分析。在发展目标与定位的基础上，提出产业升级转型方向及与之相匹配的产业类型构成、规模预测等方面的控制建议，提出评价项目准入标准和门槛。

第三，公共空间规划管控。对于公共空间规划管控而言，这涉及了城市环境的多个层面。具体来说，它要求细致落实并深化城市绿线、蓝线以及公园绿地等公共空间的规划控制线，确保这些空间得到合理而有效的利用。同时，还须对公共步行通道、活动广场、滨水岸线形式、视线通廊等要素进行精细化的控制要求设定，以保障公共空间的通达性与景观效果。针对不同公共空间的尺度要求，须精确确定建筑退线，避免建筑过于密集，影响空间品质。此外，还须提出具体的管控指标，如居住区绿地率、人均绿地指标等，以此确保公共空间建设的质量能够与数量满足城市居民的生活需求。

第四，公共服务设施规划管控。公共服务设施规划管控是城市发展的重要支撑。它要求明确更新单元内需要重点完善的公共服务设施类型，包括但不限于教育设施、文化体育设施、行政管理与社区服务设施、医疗卫生设施、社会福利设施以及商业服务设施等。对于这些设施，不仅要明确其位置与占地规模、建设规模，还要设定相应的管控要求，确保设施建设的合理性与高效性。同时，对于非独立设置的社区级公共服务设施，也须提出规划建设位置，并根据规划执行情况，提出适当的调整范围，以适应城市发展的动态变化。

第五，道路交通规划管控。道路交通规划管控对于城市运行的流畅性与安全性至关重要。这要求明确规定更新单元的道路交通设施相关的规划与管控措施。具体而言，需要明确单元内道路断面和交叉口的设计，规划道路系统的路网密度、具体线位、道路功能与等级布局、道路断面形式以及渠化方案等。此外，还须对交通设施的位置与控制要求进行明确，包括机动车及非机动车停车场、公交首末站等交通设施的数量和设置位置，以及综合设置的交通设施所在位置。同时，考虑到规划执行的灵活性，应提出在适当范围内进行调整的区间，并明确对环境有特殊影响的交通设施的卫生安全防护距离和范围，以保障城市交通的健康与安全。

第六，市政公用设施规划管控。市政公用设施规划管控是城市基础设施建设的核心。它要求明确提出更新单元内的水、电、气、暖等市政公用设施的类型、规模与控制线位，确保这些设施能够满足城市居民的基本生活需求。同时，还须对高压走廊、微波通道、特殊管线（如原水管、污水总管、危险品管道）等的走向及控制要求进行详细说明，以保障市政设施的安全与稳定运行。此外，明确河道蓝线宽度、陆域控制宽度和航道等级也是必要的，这有助于维护城市水系的健康与生态平衡。最后，还须说明各种市政设施的用地面积、设置方式、千人指标以及防护隔离要求，以确保市政设施建设的合理性与高效性。

第七，历史文化传承规划管控。历史文化传承规划管控对于保护和弘扬城市的文化特色具有重要意义。这要求明确更新单元内历史文化遗产资源的空间分布，包括历史文化街区、各级文物保护单位、历史街巷、历史建筑、传统风貌建筑、工业遗产以及历史环境要素等，并提出相应的保护要求。同时，落实紫线线位及管控措施也是必要的，这有助于防止历史文化资源的破坏与流失。通过有效的历史文化传承规划管控，可以确保城市在发展过程中能够保留和传承其独特的历史文化魅力。

第八，城市风貌设计管控。城市风貌设计管控是塑造城市形象和提升城市品质的关键环节。这要求从单元更新的空间形态控制、景观风貌结构、沿街立面控制、建筑轮廓线控制、建筑风格控制、建筑色彩引导、特色空间营造、绿化景观及开敞空间设计、附属设施控制、照明与标志系统等多个方面提出具体的风貌形态管控要求。通过这些措施的实施，可以营造出具有独特魅力和辨识度的城市风貌，提升城市的整体形象和竞争力。

第九，公共安全规划管控。公共安全规划管控是保障城市居民生命财产安全的重要举措。这要求对防洪除涝、消防、应急避难场所等公共安全设施的类型、规模、占地形式等提出具体的管控要求，确保这些设施能够在关键时刻发挥应有的作用。同时，还须对危险品源的控制要求和安全防护范围进行明确规定，以防止潜在的安全隐患对城市造成威胁。通过公共安全规划管控的实施，可以为城市居民提供一个安全、稳定的生活环境。

三、城市规划中的生态城市规划设计

（一）城市规划设计中融合生态城市理念的重要性

生态城市创建工作与时代发展的趋势保持着高度的统一。"在生态城市规划建设时，遵循的主要原则为保护、接纳和尊重自然，以可持续发展、低碳发展和绿色发展为导向"①。不管是农业发展还是工业发展，都要以低碳环保、节能减排为核心，从而实现平稳发展。

随着生态城市建设发展理念的不断深化，科学化发展逐渐成为今后发展的主要方向。在现代化城市建设过程中，众多因素均可能对其产生制约，其中最为突出的便是环境污染与交通拥堵问题。因此，在进行城市规划设计时，我们必须切实贯彻节能环保理念，致力于实现可持续发展，并不断提升生态城市建设的速度。同时，随着现代化城市建设步伐的不断加快，人与人之间的关系因不同的生活阶段和方式而逐渐疏离，导致城市情感逐渐淡化。

自生态城市理念提出以来，城市建设的内涵得以丰富，人文关怀理念得到了重点关注。城市环境建设能够激发人们的情感共鸣，使得人们对城市环境的依赖性和归属感受到不同程度的影响。在推进生态城市建设的过程中，不仅能够加快经济发展的速度，还能为人们的生产生活创造更多的便利条件。随着城市理念的深入应用，城市环境中的各类矛盾得以高效化解，从而为人与自然的和谐发展提供了可能。因此，在未来城市建设中，我们应更加注重生态、人文与经济的协调发展，以实现城市的全面、可持续发展。

（二）城市规划中生态城市规划设计的特点

第一，城市服务功能。城市快速发展会使人们的生产和生活变得更加便利，生态城市规划建设工作要对其服务功能给予高度的关注。城市生态建设要将为人民提供优质服务的功能放在第一位，加快城市生态化建设发展的速度，使用高效的措施对生态环境进行保护，促使城市发展取得最佳的效果。积极开展城市规划工作，重点关注生态环境的保护和服务功能，全面实现现

---

① 黄伟. 新时期城市规划中生态城市规划设计[J]. 工程建设与设计，2023，(18): 14.

代化生态城市的建设目标,显著提升人们的幸福指数。

第二,城市经济发展功能。在城市发展的过程中,要将经济发展放在核心位置上,使得城市体现出与众不同的风采。生态城市发展受经济发展水平的直接影响,城市存在的必要条件就是经济和人,城市经济实现可持续发展以后,人们才能安居乐业,从而使城市经济发展取得良好的效果。在建设生态城市时,要充分考虑生态城市的经济发展功能,为生态城市发展注入全新的活力,使其实现快速发展。

第三,城市气候条件。城市的气候特征,作为城市生态环境的重要组成部分,直接受到其地理位置的影响。这种影响表现在城市的气候类型、气温、降水、风向等多个方面,从而深刻影响城市的生态环境和居民的生活品质。因此,在进行城市生态规划时,我们必须全面了解和考虑城市的水文条件、地理信息和气候特征,确保生态规划工作的科学性和有效性。首先,要对城市的自然生态环境进行全面的了解和评估。这包括了解城市的地形地貌、水文状况、土壤类型、植被分布等基本信息,以及气候类型和气候变化趋势等气候信息。在此基础上,我们可以根据城市的自然生态环境特点,制定出符合地域性原则的生态规划方案,以实现城市的合理规划和发展。其次,在选择生态植物时,我们需要遵循自然法则,充分考虑地理环境因素的影响。不同的植物对生长环境有不同的要求,因此在选择植物时,我们需要了解各种植物的生态习性和适应性,避免选择因地理环境不适宜而无法存活的植物。同时,我们还需要注重植物的多样性和生态平衡,构建具有地方特色的生态植物群落,提高城市的绿化水平和生态环境质量。

(三)城市规划中生态城市设计的原则

第一,遵循整体原则。在生态城市规划设计中要保证整体性,综合考虑经济、社会、环境三个方面的效益。在整个过程中,首先要做好整体与局部的协调工作,全面调查分析城市建设中的影响因素,统筹规划,在提高经济效益的同时保证生态环境质量;其次,要搞好环境质量与城市发展之间的协调,用多样化的手段加强环境保护,改善环境质量,从而促进城市的可持续发展。

第二，遵循经济原则。在生态城市规划设计中确保经济。所有城市规划设计的最终目的都是促进城市发展，提高生活质量，但需要注意的是，在这个过程中，城市经济发展的规划至关重要，它直接影响着城市经济的发展水平。因此，在生态城市规划设计中必须遵循经济原则，积极发展城市经济，不断完善经济基础，从而更好地促进城市建设和发展。

第三，遵循共生原则。在生态城市规划设计中确保共生。生态系统有多个组成部分，而且它们之间密切相关，互惠互利，合作共存。但是从不同的视角来看，这些部分也是相互对立的，所以在生态城市规划设计中，必须做大量的协调和科学合理的规划设计，促进多个系统的共同发展。

四、城市规划中的生态城市规划设计的策略

生态城市规划设计工作对生态功能区域进行合理的规划，使得土地资源实现高效配置；高度重视绿色交通规划工作；实现自然生态系统与人工生态系统的良性发展；对低碳能源做到合理的开发；等等。

（一）生态功能区的规划与土地资源配置

生态功能区的规划与土地资源的配置是生态城市规划设计的两大核心要素，对于塑造一个健康、可持续的城市环境具有举足轻重的作用。在深入探讨这两者时，我们首先需要明确，生态城市的空间结构是其内在功能与外部形态的综合体现，因此，合理构建这一结构显得尤为关键。

在构建生态城市空间结构的过程中，必须充分考虑到当地的自然资源和人为资源，进行科学合理的规划设计，这不仅要确保城市建设的特色与功能得以充分展现，还需要对旧城区进行精细化改造。在改造过程中，我们既要尊重并保留原有的历史文化生态风貌，又要根据现代城市发展的需求，制定详细的规划方案，并严格执行，以实现旧城区的功能与面貌的双重提升。

具体而言，生态功能区的规划是生态城市规划设计的首要任务。这一过程要求我们结合城市生态系统的特征与功能，对城市生态系统存在的各类问题进行深入剖析，从而确保最终规划设计决策的科学性与合理性。在实际操作中，数值聚类法被广泛应用于生态功能区的划分。这种方法通过叠加规划图、林地图、城市工业图等多方面的信息，从城市规划建设的角度出发，高效地完成了生态功能区的划分工作，为城市的可持续发展奠定了坚实的基础。另外，土地资源的合理分配是生态城市规划设计的另一重要环节。城市生态环境的质量与土地规划利用的布局密切相关。因此，在规划设计生态城市时，无论是旧城区的改造，还是新城区的建设，我们都必须根据当地的实际情况，因地制宜，对土地资源进行高效利用。这不仅要求我们充分考虑土地资源的自然属性和社会属性，还需要我们运用先进的规划理念和技术手段，实现土地资源配置的最优化，从而确保生态城市的可持续发展。

（二）绿色交通的规划策略

绿色交通的规划策略作为生态城市规划建设的核心内容，其重要性不言而喻。在当下社会，随着人们生活质量的显著提升，机动车数量呈现出迅猛增长的态势，这无疑为人们的出行带来了便利，但同时也伴随着一系列不良负面影响。因此，绿色交通建设显得尤为迫切。具体而言，绿色交通建设应从以下两个方面着手：一方面，我们应大力推广公共交通。通过优化公共交通网络、提升公共交通服务质量等方式，引导人们更多地选择乘坐公共交通工具出行。这不仅可以有效减少机动车的出行量，从而缓解交通拥堵问题，还能显著降低机动车尾气的排放量，为改善空气质量作出贡献。另一方面，我们还应积极倡导绿色交通方式。绿色交通方式如自行车、步行等，具有零排放、低能耗的特点，是真正意义上的环保出行方式。通过鼓励人们更多地采用绿色交通方式出行，我们可以逐步减少机动车的使用，进而减少尾气排放，降低空气污染。

（三）自然生态与人工生态系统建设

在开展生态城市规划设计工作时，要遵循实事求是的原则，对城市基本情况做到全面掌握，并全面落实各项规划设计政策。与人工建造的生态系统相比较，原始生态系统的作用十分重要。积极开展生态城市规划设计工作，对原始生态系统做好保护，构建完善的城市生态功能体系。对风能和太阳能等可再生清洁型能源做到合理开发，将不可再生能源的损耗控制到最低，使得生态环境污染问题得到高效治理。

生态环境保护工作一直以来都是人们比较关注的焦点问题，在开展城市规划工作时，要加大力度来保护生态环境。生态环境建设不仅能够使生态经济建设取得良好的效果，还会创造出更高的收益，推动整个社会朝着更加先进的方向迈进。在城市发展的进程中，要积极开展经济、环境和社会等问题的研究工作，在处理各类问题时，要尽量做到全面而具体，为城市良性发展做好充分的准备工作。

（四）合理开发与利用低碳能源

生态城市规划设计工作要对低碳能源进行合理化使用，做好低碳能源的规划与设计工作，大力倡导节能减排理念，注重对能源利用效率的提升，从能源互补层面出发，坚决不再使用重污染、高能耗的燃料。科学规划城市电网，对太阳能等能源做到合理使用，不断增加能源站的建设投入力度，对城市电网结构进行优化升级，促使电力事业朝着更加先进的方向迈进，使低碳能源得以全面使用。

（五）固体废弃物的循环利用

随着城市化进程的加速，城市规划建设产生的固体垃圾与废弃物日益增多，给城市环境带来了巨大压力。因此，如何合理处理这些废弃物，特别是那些能够循环使用的废弃物，成为城市规划中亟待解决的问题。

在城市规划建设中，固体废弃物的来源多种多样，包括生活垃圾、医疗垃圾、建筑垃圾和工业废弃物等。这些废弃物如果处理不当，不仅会对环境造成污染，还会浪费大量的资源。因此，各级政府部门应给予重点关注，出台切实可行的措施来约束各个行业的排废行为。为了有效处理这些废弃物，城市规划中应建设垃圾回收处理站，专门负责集中处理无毒害垃圾。这些处理站不仅要对废弃物进行分类、分拣和回收，还要对那些能够循环利用的物品进行合理使用，从而提高资源的使用效率。例如，生活垃圾中的塑料、纸张和金属等可以通过回收再利用，减少对新资源的需求；建筑垃圾中的砖石、混凝土等也可以经过破碎、筛分等处理后再用于建筑材料的生产。此外，城市规划中还应注重提高公众的环保意识，鼓励居民积极参与废弃物的分类和回收。通过宣传教育、经济激励等手段，引导居民养成良好的环保习惯，减少废弃物的产生和排放。

在生态城市的规划设计中，固体废弃物的循环利用更是被放在了重要位置。生态城市强调人与自然的和谐共生，注重资源节约和环境保护。因此，在生态城市的规划建设中，应充分考虑废弃物的循环利用，通过科学的设计和管理，实现废弃物的减量化、资源化和无害化。

（六）湿地系统的恢复与保护

湿地，作为自然界中的一个独特的生态系统，以其丰富的生物多样性、独特的生态功能以及对人类生活的深远影响，日益受到人们的重视。湿地生态系统的核心组成内容包括微生物、水生植物等，这些生物与湿地环境共同构建了一个复杂而精致的生态系统。湿地不仅是水生生物的乐园，也是众多珍稀物种的栖息地。在湿地系统中，各种生物相互依存、共生共荣，形成了一个复杂的食物链和生态平衡。因此，做好湿地系统的保护和恢复工作，不仅关乎生态平衡，更是对生物多样性保护的重要举措。

从人类生活的角度来看，湿地系统对于解决居住环境、提升生活质量具有重要意义。在城市化进程中，随着城市规模的不断扩大和人口密度的增加，城市生态环境问题日益凸显。而湿地系统作为一种重要的生态基础设施，具有调节气候、净化水质、降低噪声等多种生态服务功能。因此，在生态城市规划设计时，应将湿地系统的社会经济价值和生态服务功能发挥到最佳水平，使其成为城市生态环境的重要组成部分。

湿地系统的恢复与保护，不仅是对自然生态的尊重和保护，更是对人类自身生存环境的关注和改善。通过恢复湿地系统的生态功能，可以为水生生物提供最佳的生活场地，促进生物多样性的增加；同时，湿地系统还能够对局部气候环境进行有效调节，缓解城市热岛效应，提高人们的生活舒适度。此外，湿地系统还具有防洪抗旱、净化水质等生态服务功能，能够有效降低旱涝灾害的发生概率，保障人民生命财产安全。

在湿地系统的保护和恢复过程中，需要采取科学的方法和技术手段。例如，通过湿地植被的恢复、水体净化等措施，改善湿地生态环境；同时，还需要加强对湿地生态系统的监测和管理，及时发现和解决问题。此外，公众的参与和意识也是湿地系统保护和恢复的重要推动力。通过宣传教育、公众参与等方式，提高公众对湿地生态系统的认识和保护意识，形成全社会共同参与湿地保护和恢复的良好氛围。

第四章 城市更新视角下的城市设计策略

第一节 提高城市的竞争力，促进城市产业发展

一、提高城市的竞争力

(一) 城市竞争力的理论认知

城市竞争力和城市发展是密不可分的。从中国城市现代化水平和带动作用、参与经济全球化的水平及中国经济在经济全球化体系中的出路等方面出发，中国的综合实力和国际竞争力都必须逐渐提高。在经济全球化的背景下，城市竞争力的内涵是国际竞争力。全球化以及随之而来的地方化，使得地方的地位不断提升，地区间的竞争日趋激烈，新经济和全球化使经济主体之间的竞争空前激烈而广泛。应对新经济和全球化带来的机遇、挑战和竞争，提升城市竞争力成为所有城市政府决策者的共识。因此，增强城市综合竞争力是城市发展战略的核心。

现阶段的城市竞争力是经济全球化和区域一体化背景下的产物，其本质是一种复杂的系统合力，是抗衡和超越竞争对手的力量，其目标是实现城市价值。在学术界，一般而言"城市竞争力"理论是在借鉴 IMD——瑞士洛桑国家管理发展学院的"国际竞争力理论"和美国学者迈克尔·波特的"产业竞争力理论"这两大当今世界最先进的"竞争力理论"的基础上所创立的理论体系，其依据是国家、企业与城市的差异和相似之处。

城市竞争力作为一个综合性的社会经济概念，反映了一个城市成长过程中工业化与现代化的程度以及城市可持续发展的综合水平。一方面，城市竞争力能有力地促进城市地区产业高度集聚和结构优化，并获得巨大的经济效益，同时有利于各种资源的整合与优化，为经济社会发展提供新的市场资源和持久动力，促进城乡经济结构优化；另一方面，要认真分析一个城市的国际化趋势与外向度，处理好城市发展与区域经济全面支撑的相互关系，实行大地区的资源优化配置与区域多种要素的整合，促进城市竞争力的深层次发展。

（二）城市竞争力的特点分析

随着经济模式的转变，承载经济社会生活的主体——城市的发展也出现了新的特征。"城市竞争力是针对市场经济环境而言的，因此城市竞争是市场经济的产物"[①]。城市竞争力可以从"开放程度""进口""出口""对外合作与交流"和"旅游"五个方面反映出来，这些指标反映的是一个城市在全球化背景下的开放程度及参与世界经济和贸易的综合实力。而城市综合竞争力主要通过城市经济功能的强弱来衡量，提高城市的竞争力就是要扩张城市的市场性占有、配置和利用资源要素权利的作用范围，构筑更大空间的经济协作体系，扩散城市的优势能力，如技术、资金、管理、观念、加工体系等，提高和带动周边地区的经济发展水平和能力，确立城市对周边地区的辐射和主导作用，进而提高城市对周边地区的吸引力。城市竞争力的主要特点有以下几方面：

第一，城市是资源加工和转换的关键枢纽。城市拥有庞大的生产体系，它不仅能够对自然资源、原材料进行深度加工，更能够对知识和信息进行高效转换。在这一过程中，城市将各种原材料转化为多样化的产品，包括实体货物、知识型信息产品以及各类服务，这种转换能力为城市的经济发展注入了源源不断的动力。

第二，城市是区域和商业价值增值的中心。在资源要素的转换过程中，

[①] 李中兴. 高新技术产业发展对济源城市竞争力的影响研究［D］. 西安：西北大学，2008：14.

城市通过一系列的经济活动，创造出新的区域和商业价值，其中最为显著的是土地价值的提升。城市不仅通过生产活动创造价值，更通过市场运作、政策调控等手段，不断提升其流转税基，从而成为能够持续推动区域经济发展的利润中心。

第三，城市还是物资集散和物流的重要中心。资源要素的转换过程，需要城市对资源、原材料进行高效输入，并对产品进行及时输出。这使得城市成为实物分配的关键枢纽，有效连接了生产者与消费者，促进了市场交易的顺利进行。当前，四方物流中心的概念在城市物流体系中得到了广泛应用，它集货源、买主、储运以及银行担保、保险、海关等服务要素于一体，进一步提升了城市物流的效率和实用性。

第四，城市是资金配置的中心。一方面，城市的生产体系对资金有着巨大的需求，这推动了金融市场的繁荣和发展；另一方面，随着实物流转和分配的进行，资金也在城市中实现流转和分配。这种资金配置能力使得城市成为资本聚集和流动的重要场所，为城市的经济发展提供了坚实的金融支撑。

第五，城市还是信息交换处理的中心。在信息化时代，信息资源的价值日益凸显。城市作为各种信息的产生、交换和集散地，具有得天独厚的信息优势。高竞争力的城市往往能够成为核心技术和信息的设计、升级和交换处理中心，通过信息的流通和共享，推动城市经济社会的快速发展。

第六，城市还是经济增长和人才集聚的中心。城市的生产体系运转需要大量的专业人才来支撑，而城市的活力和才能发挥环境又吸引了大量人才的聚集。这种人才聚集效应进一步推动了城市的经济增长，使城市成为推动区域乃至国家经济发展的重要引擎。

(三) 城市竞争力的表现要素

第一，城市经济要素的稳定性。城市的发展需要稳定的发展方向和政策来支持，城市的经济要素如果缺乏稳定的局势，就很难有大的作为。

第二，城市经济整体发展的可预见性。以长远经济和社会利益为重、平稳而坚定地向前发展的城市，其整体发展速度是可以预测的。因此城市需要一个好的体制和方案，稳步解决问题，保持城市持续发展，反之，则难以解决出现的诸多问题，例如老龄化问题，退休人口和工作人口关系问题，失业人员再就业问题等。

第三，城市管理的有效性。城市管理的核心是税收政策、拉动内需、加强基础设施建设，从而带动城市发展。税收是城市发展的必然选择，只有实施税收政策，才能给市民带来福利，而高福利可以抵消高税收带来的不利因素。经验证明，高税收可以增加城市整体的社会稳定性（如失业人员可以得到基本的生活保障），有利于经济复苏和社会安定。同时，城市管理需要对银行进行规范，控制投资节奏，按照市场化原则对待人才、资产和财政预算。

第四，城市科技投入的力度。加强研发投入是城市增加出口、提高比较优势、带动产业升级的关键。同时鼓励人才进入高智力领域，增加智慧产业人才就业的灵活度，加快创新和变革的步伐。

第五，城市的可持续发展性。城市发展需要考虑多年之后，所以需要把可持续性放在首位考虑，否则眼前的快速发展就可能成为未来的灾难。

第六，城市的开放性。城市需要敞开大门欢迎各类宾客，不仅包括投资人、商家，还包括城市需要的人才、游客、合作伙伴、周边资源共享区域。只有眼界开阔，才可能让城市走向全国甚至世界。

第七，社会发展的平衡性。分配问题和贫富差异会导致诸多社会问题，乃至使社会陷入整体不安定状态。

二、促进城市产业发展

（一）促进城市产业发展的作用

促进城市产业发展是一个多维度、复杂且持续的过程，涉及资源配置、创新驱动以及基础设施建设等，具体有以下作用：

第一，优化产业结构。城市应结合自身资源禀赋和市场需求，优化产业结构，推动传统产业升级改造，同时大力发展高新技术产业、现代服务业等新兴产业。通过产业结构调整，降低对资源的依赖，提高经济效益，实现产业绿色化和智能化。

第二，鼓励企业创新。创新是产业发展的核心驱动力。政府应出台一系列激励政策，鼓励企业加大研发投入，培育自主品牌，增强城市经济的核心竞争力。同时，建立产学研合作机制，推动科技成果转化，促进产业创新发展。

第三，加强基础设施建设。完善的基础设施是产业发展的重要支撑。城市应加大投入，提升交通、能源、通信等基础设施水平，提高城市的承载能力和运行效率。此外，推动绿色建筑和智慧城市建设，提升城市品质和吸引力，为产业发展创造良好环境。

第四，引进和培育人才。人才是产业发展的关键要素。城市应制定优惠政策，吸引高端人才聚集，同时加强本地人才培养，为产业发展提供智力支持。建立健全人才服务体系，为人才提供良好的工作和生活环境，确保人才引得进、留得住、用得好。

第五，推动对外开放和区域合作。扩大对外开放，吸引外资和优质资源，推动城市经济融入全球经济体系。加强与周边地区的区域合作，实现资源共享、优势互补，共同推动区域经济发展。通过参与国际竞争与合作，提升城市产业的国际竞争力。

（二）休闲文化产业促进城市产业发展

1. 休闲文化产品的供给与需要

"休闲文化产品是为满足消费者娱乐与欣赏的需要而产生的，受欢迎的休闲文化产品一定是符合时代潮流的产物"[1]。休闲的本质和价值在于提升人的精神世界和思想境界，因此休闲文化产品的供给要找准消费者的精神文化需要。

（1）休闲文化与景点的融合使得文化成为消费的重要内容。在开发休闲文化产品时，关键在于将传统的吃、住、行、游、购、娱等要素与文化内涵相结合，使休闲产品展现出深厚的文化底蕴。例如，传统公园可以转型为集游玩、餐饮、表演、居住功能于一体的文化公园。通过在公园内举办特色展

---

[1] 刘建. 发展休闲产业　提高城市竞争力[J]. 当代经济，2008，(5)：36.

览、展示民俗风情、进行歌舞表演、展出文物等方式，以丰富的休闲文化活动吸引游客，使文化成为游客消费的重要组成部分。

（2）借助文化概念，休闲产品能够开拓新的消费领域并吸引不同的客户群体。随着经济的蓬勃发展，民众对生活质量有了更深刻的认识。越来越多的人开始注重提升自身的生活修养，追求更为多元化和高质量的休闲体验。同时，在日益激烈的竞争环境下，人们也渴望通过各种方式进行自我学习和提升，从而催生了"知性休闲"的需求。这种需求强调在休闲时光中也能有效地获取知识和信息。若能准确把握国内日益增长的"知性休闲"消费需求，结合文化与时尚元素，便能开创出全新的消费领域和吸引更广泛的客户群体。例如，将书店与休闲文化相结合，打造具有"知性休闲"特色的书吧。这种书吧不仅销售书籍，还提供茶座、餐饮、音像制品、文具、乐器、手工艺品等服务，并配备宽带网络供顾客查询信息或进行远程办公。此外，还可以销售与文化产业相关的产品。顾客在这样的环境中可以购书、阅读、复印资料、品茶、用餐、交流心得，使书店成为人们休闲读书的理想场所。这样，书店便能开拓出全新的消费领域，并吸引更多的消费者。

2. 休闲文化产业价值与发展模式

休闲文化产品消费掉的并非单纯的物质性产品，还隐含了"消费同时产生体验"的消费过程。消费转型引起的文化需求是休闲文化产品商业价值的重要来源。在当今社会，人们的物质诉求易于满足，而情感诉求则需要深入探究和开拓。因此休闲文化产业的价值就在于极大地发掘这种内在诉求，满足人们情感需求，从而达到引导消费的目的。

休闲文化产业是以文化为原材料的。它拥有自己的一套实现商业价值的产业模式。休闲文化还具有较强的产业牵动性和"波及效果"。发达国家休闲产业发展模式是在物质产业获得根本性发展后，文化产业紧随其后发展起来的。

当前我国物质产业比较发达，但是文化产业没跟上。如何把中国历史悠久的文化资源提升为文化产业的要素，值得深入研究。文化产业的发展，必然要依托新的产业发展模式。这种模式就是文化传承与时尚的有效组合。通过组合文化资源树立国家的文化形象。进而带动一国文化与非文化产品出口贸易的大幅增长。

3. 休闲文化产业对城市发展的促进

在经济全球化的背景下，消费需求多样化使得城市消费结构不断升级。城市经济进一步发展普遍需要进行新一轮的产业转型，而休闲文化产业追求的是以智力开发为前提，地域文化价值发掘为内容的、人本需求满足和城市发展质量提升为目标的资源节约型发展模式，从而成为一种积累财富、创造就业机会和提高城市竞争力的驱动型产业。从产业角度来说，休闲文化产业对城市消费市场有很强的拉动能力，可以在传统服务业中派生出新的门类，形成新的消费热点。同时，休闲文化产业对促进城市就业有积极作用。

4. 休闲文化产业促进城市经济实力提高

两大产业作为中国经济快速增长的支柱，首先是高新技术产业，其次便是文化产业。信息技术的迅猛发展不仅深刻地改变了城市居民的交往与消费模式，更拓展了文化产业的外延，进而催生了休闲文化产业。在城市整体文化体系中，休闲文化已然成为衡量城市文明程度的重要标尺。休闲文化生活对提升民众生活质量具有不可估量的现实意义。

随着经济水平的提升，人们越发重视产品所蕴含的文化内涵，这涵盖了产品的构思、设计、造型、包装、商标及广告等多个方面。当消费者对文化内涵的追求日趋强烈时，商品的文化特色便成为推动市场销售的有力引擎，这正是文化消费的经济体现。此种消费模式的转变进一步推动了城市产业结构的转型。当休闲文化产业逐步渗透到传统制造业中，客观上促进了传统制造业向高增值产业的升级，从而增强了城市的经济实力。休闲文化产业通过多种盈利模式，为城市经济实力的提升提供了强大动力。

休闲文化产业通常在城市经济结构转型过程中崭露头角。随着城市土地和劳动力成本的持续攀升，城市产业结构不断调整，部分传统工业逐渐衰退并向外迁移。鉴于市区土地资源有限，发展低端制造业已不再是明智之选。休闲文化产业主要依赖于人力资源和智力资源，物质资源消耗较少，具有无污染的特点，能够以较低的投入获得较高的回报。在协调经济发展和环境保护方面，休闲文化产业展现出独特的优势，对城市的可持续发展大有裨益。因此，休闲文化产业的发展规模已成为衡量一个城市经济实力的重要标志。

5. 休闲文化产业能够增强城市竞争力

城市竞争力主要是指一个城市在发展过程中与其他城市相比较所具有的影响力，以及吸引、争夺资源，占领和控制市场，为市民提供福利的能力。城市竞争力不仅体现在建筑、交通、能源等硬件设施上，也体现在生存环境、人文精神和法规政策上。一个城市的人文环境和文明程度，反映了一个城市的政府管理水平和市民素质。休闲文化环境是一个城市繁荣发展的重要条件。

第二节　重塑城市人居环境，提升城市空间品质

一、重塑城市人居环境

（一）城市人居环境的内涵

"城市人居环境是指以人为中心，由自然实体、社会实体和建筑物共同构成的城市环境，它既是第二、第三产业的布局场所，更是城市居民的生活空间，其质量好坏不仅关系到城市的可持续发展，而且影响城市居民的生活质量"[①]。

城市人居环境主要包括城市的自然生态环境、居住生活环境、基础设施环境、社会交往环境、可持续发展环境五个子系统，每个方面又包含了众多的内容。

（二）城市人居环境的学科体系

城市人居环境科学是以城市规划、建筑和园林学为核心，以区域、社会、文化、社区、经济、能源、资源、环境、生态、地理、水利、美学等学

---

① 李丽萍. 城市人居环境 [M]. 北京：中国轻工业出版社，2001：24.

科为外围、多学科交叉融合的学科体系。

建筑学、园林学和城市规划相互渗透融合，构成城市人居环境学科体系的核心，以协调人、建筑、城市、自然四者之间的相互关系，改善城市居民的居住和生活环境，满足人们的物质和精神需要。

在学术核心的外围，开展包括区域、社会、文化、社区、经济、能源、资源、环境、生态、地理、水利、美学等相关学科的协同研究工作，以弥补单纯依靠城市规划学或建筑学或园林学研究城市问题的不足，达到创建理想城市人居环境的目的。

（三）重塑城市人居环境的策略

重塑城市人居环境的策略是当代城市发展中的重要课题，需要从多个方面综合考虑，以确保城市的可持续性、宜居性和发展活力。以下进行深入探讨，以期为重塑城市人居环境提供全面有效的策略和建议。

第一，科学合理的城市规划是重塑城市人居环境的基础。通过制定前瞻性、科学性的城市规划，可以确保土地利用的合理性和高效性。城市空间布局的优化至关重要，应避免城市无序扩张和"摊大饼"式发展，而是要注重城市生态系统的保护和修复，以确保城市发展与自然环境的协调。

第二，绿色建筑与节能设计是重塑城市人居环境的重要手段。我们应该推广绿色建筑理念，鼓励采用环保材料和节能技术，同时优化建筑设计，提高建筑的采光、通风和保温性能。此外，加强建筑废弃物的处理和再利用，降低建筑对环境的不良影响，是实现可持续城市发展的必要举措。

第三，完善的基础设施建设对于重塑城市人居环境至关重要。我们需要加强交通基础设施建设，提高城市交通的便捷性和可达性，同时完善供水、供电、供气等市政设施，保障居民的基本生活需求。此外，提升城市排水和防洪能力，减少自然灾害对城市的影响，也是保障城市人居环境的重要措施之一。

第四，优质的公共服务与社区建设是重塑城市人居环境的关键环节。我们应加强教育、医疗、文化等公共服务设施建设，提高居民的生活质量，同时打造多样化的社区空间，满足居民的休闲、娱乐和社交需求。此外，促进社区参与和民主管理，增强社区的凝聚力和归属感，对于构建和谐社会具有重要意义。

第五，环境保护与生态修复是重塑城市人居环境的重要保障。我们应严格执行环保法规，控制污染物排放，改善城市空气质量，同时加强城市绿化和生态修复工作，提高城市的绿化覆盖率和生态多样性。此外，推广垃圾分类和资源回收，促进资源的循环利用，有助于减少对环境的负面影响，实现可持续发展的目标。

第六，社会文化的传承与创新是重塑城市人居环境的重要内容。我们应该保护城市的历史文化遗产，传承城市的文化记忆，同时鼓励文化创新和文化产业发展，提升城市的文化软实力。此外，加强社会教育和公民道德建设，提高居民的文明素质和社会责任感，有助于营造和谐、文明的城市环境。

二、提升城市空间品质

提升城市空间品质是一个综合性的任务，涉及城市规划、建筑设计、环境保护、公共服务等多个方面。以下探讨提升城市空间品质的方法和策略：

第一，可持续城市规划。制定并执行可持续城市规划，包括合理的土地利用、交通规划和绿色空间设计，以减少交通拥堵、改善空气质量和增加自然景观。

第二，提高建筑设计质量。鼓励高质量的建筑设计，包括环保建材的使用、绿色建筑的设计以及适应当地气候的建筑风格，从而提升城市的整体美观度和可持续性。

第三，增加绿色空间。增加城市的绿色空间，包括公园、绿化带和城市林荫道，以提供人们休闲娱乐的场所，改善空气质量，促进生态平衡。

第四，改善交通系统。优化公共交通系统，鼓励步行和骑行，减少私家车使用，从而减少交通拥堵和空气污染，并改善城市空间的舒适度。

第五，加强历史文化保护。保护和修复历史文化遗产，如古建筑、文化遗址和传统街区，以维护城市的历史文化底蕴和独特魅力。

第六，提升公共服务设施。加强公共服务设施的建设和管理，包括学校、医院、图书馆、体育设施等，以提高居民的生活质量和幸福感。

第七，促进社区参与。鼓励居民参与城市规划和管理，促进社区自治和民主决策，从而增强城市空间的包容性和共享性。

第八，利用科技创新。应用先进的科技手段，如智能交通管理系统、智能照明系统和智能垃圾分类系统，提升城市空间的智能化和效率性。

第九，加强环境保护。采取措施减少污染物排放、增加废物回收利用率等，保护自然环境，维护城市空间的健康和可持续性。

第十，跨部门合作。加强政府各部门之间的协调与合作，形成统一规划、集中力量推动城市空间品质提升的工作合力。

第三节 梳理城市设施系统，优化城市服务功能

现代城市作为人类社会发展的重要载体，其设施系统的完善与优化直接关系到城市居民的生活质量和城市的整体竞争力。以下旨在从学术角度出发，探讨如何通过梳理城市设施系统，优化城市服务功能，从而实现城市管理的现代化、智能化以及居民生活质量的提升。

一、城市设施系统的梳理与优化

城市设施系统是城市基础设施、公共服务设施和城市运行设施的总称，包括但不限于交通、供水、供电、供气、供热、污水处理、垃圾处理、通信、医疗、教育、文化、体育等方面。在城市发展的过程中，这些设施的建设和运行贯穿于城市各个方面，直接影响着城市居民的生活品质和城市的可持续发展。

第一，梳理城市设施系统需要对城市现有的设施资源进行全面调查和评估。通过对城市基础设施的分布、覆盖范围、运行状态以及服务质量进行综合分析，可以全面了解城市设施系统的现状和存在的问题。

第二，根据城市发展的需求和规划，对现有设施系统进行优化和调整。这包括优化设施布局、提升设施运行效率、完善设施服务功能等方面。

第三，需要建立健全的城市设施管理机制和监测体系，确保城市设施系统的持续稳定运行和服务质量的持续提升。

二、优化城市服务功能的重要性

优化城市服务功能是提升城市管理水平和居民生活质量的关键举措。城市服务功能包括但不限于交通、环境、教育、医疗、文化、体育等方面，是城市治理的重要内容。优化城市服务功能可以提高城市的整体运行效率、提升居民的生活品质、增强城市的吸引力和竞争力，有利于实现城市的可持续发展和长期繁荣。

第一，优化城市服务功能可以改善居民的生活环境和生活条件。例如，优化交通服务功能可以减少交通拥堵和交通事故，提高出行效率，并确保交通安全；优化环境服务功能可以改善城市空气质量和水质环境，提升居民的生活舒适度和健康水平。

第二，优化城市服务功能可以提升城市的吸引力和竞争力。例如，优化教育服务功能可以提升城市的教育质量，吸引更多优秀人才和高素质人口流入城市；优化文化服务功能可以丰富城市的文化氛围和文化活动，增强城市的软实力和国际影响力。

第三，优化城市服务功能可以促进城市的可持续发展和长期繁荣。例如，优化医疗服务功能可以提升城市的医疗水平，保障居民的健康权益和生命安全；优化体育服务功能可以提升城市的体育设施，促进居民的身心健康和社会和谐。

第四节 弘扬传统营城理念，传承城市历史文脉

一、弘扬传统营城理念

传统营城理念，作为古代先民智慧的结晶，承载着丰富的历史与文化内涵。这一理念不仅在古代城市建设中发挥了重要作用，而且在当代城市规划与实践中仍具有不可替代的价值。以下旨在深入探讨传统营城理念的内涵与价值，分析其在现代城市规划中的应用与拓展，以期为当代城市的发展提供有益的借鉴。

传统营城理念是在长期的历史实践中逐步形成的，它体现了对自然环境的敬畏与顺应、对社会秩序的维护与调和、对人文精神的追求与传承。在古代，先民们通过观察自然、体验生活，逐渐总结出了一系列行之有效的营城原则和方法，如"因地制宜"的布局原则、"和谐共生"的社会理念等。这些理念不仅指导了古代城市的规划与建设，也塑造了独具特色的城市风貌和文化特色。

（一）传统营城理念的价值

传统营城理念的价值不仅在于其深厚的历史底蕴和丰富的文化内涵，更在于其对于现代城市规划与建设的深远影响与巨大启示。在当下这个全球化、城市化的时代，我们面临着前所未有的环境问题、社会矛盾和文化冲突。在这样的背景下，传统营城理念如同一盏明灯，为我们指明了前行的方向。

传统营城理念注重人与自然的和谐共生，倡导在规划建设中尊重自然、顺应自然。这种理念有助于我们应对当前的环境问题，推动城市的绿色发展。通过借鉴传统营城理念中的生态智慧，我们可以更好地保护城市的生态环境，实现人与自然的和谐共处。同时，传统营城理念也强调对历史文化的传承与保护。在现代城市规划中，我们往往容易忽视历史文化的价值，导致

城市特色的丧失。而传统营城理念则提醒我们，历史文化是城市的灵魂，是城市发展的根基。只有充分尊重和传承历史文化，才能打造出具有独特魅力和文化内涵的城市。

此外，传统营城理念还注重人文关怀和社会公平。它强调在规划建设中关注人的需求、尊重人的权利，实现社会的公平与和谐。这对于解决当前社会矛盾、促进社会稳定具有重要意义。

（二）传统营城理念在城市规划中的运用

在现代城市规划中，传统营城理念的应用主要体现在以下几方面：

第一，尊重自然环境，实现生态平衡。传统营城理念强调人与自然的和谐共生，注重在规划过程中尊重自然环境的规律与特点。现代城市规划应借鉴这一理念，注重生态保护与修复，合理规划城市绿地系统，优化城市空间布局，实现生态平衡与城市发展的良性互动。

第二，维护社会秩序，促进社区和谐。传统营城理念注重社会秩序的维护与调和，强调社会公平与正义。在现代城市规划中，应借鉴这一理念，注重城市规划的公平性与包容性，关注社会弱势群体的需求与权益，促进社区和谐与社会稳定。

第三，传承人文精神，塑造城市特色。传统营城理念蕴含了丰富的人文精神与文化内涵，是现代城市文化建设的宝贵资源。在现代城市规划中，应深入挖掘和传承这些人文精神，注重城市文化的保护与传承，塑造具有独特魅力的城市特色与文化品牌。

（三）传统营城理念的现代拓展与创新

传统营城理念虽然具有重要的价值和意义，但在现代城市规划中也需要进行拓展与创新。具体而言，可以从以下几方面进行探索：

第一，结合现代科技，提升规划水平。现代科技为城市规划提供了更加精准、高效的技术手段。在弘扬传统营城理念的同时，应积极引入现代科技手段，如大数据、人工智能等，提升规划的科学性和精准性，为城市的发展提供有力支撑。

第二，注重多元融合，构建开放包容的城市空间。在全球化背景下，城市空间呈现出多元文化的交融与碰撞。传统营城理念应与现代城市规划理念相结合，注重多元文化的融合与创新，构建开放包容的城市空间，满足不同群体的需求与期待。

第三，强调可持续发展，实现人与自然和谐共生。面对日益严重的环境问题和资源约束，可持续发展已成为现代城市规划的重要目标。传统营城理念中的生态智慧与可持续发展理念相契合，应在此基础上进一步探索和实践，实现城市的绿色发展与可持续繁荣。

二、传承城市历史文脉

城市，作为人类文明的重要载体，其历史文脉承载着丰富的文化内涵和深厚的精神底蕴。传承城市历史文脉，不仅是对过去的尊重与缅怀，更是对未来发展的深刻思考与责任担当。在快速发展的城市化进程中，如何保护好城市的文化遗产，延续城市的文化记忆，成为摆在我们面前的重要课题。

文化遗产是城市的灵魂，它像一部厚重的历史长卷，记录着城市的兴衰变迁，见证着时代的风云变幻。每一座古建筑、每一条老街巷、每一处历史遗迹，都蕴含着丰富的历史文化信息，构成了城市独特的文化景观。这些文化遗产不仅是城市发展的宝贵财富，更是我们民族文化的根与魂。

然而，随着城市化的快速推进，一些地方在追求经济发展的同时，忽视了对文化遗产的保护，导致一些珍贵的历史遗迹遭到破坏或遗忘。这种短视的行为不仅损害了城市的文化底蕴，也割断了城市的历史文脉，使城市失去了独特的文化魅力。因此，在城市建设中，我们应当树立正确的文化遗产保护观念，将文化遗产保护与城市发展紧密结合起来，实现文化遗产保护与城市发展的双赢。这需要我们以科学的态度、严谨的方法、创新的思维来推进文化遗产保护工作，让城市的历史文脉得以延续和传承。

此外，传承城市历史文脉，是一项长期而艰巨的任务。我们需要以更加开放包容的心态，更加科学严谨的态度，更加积极创新的行动，来推进文化遗产保护工作。只有这样，我们才能让城市的历史文脉得以延续和传承，让城市在快速发展的同时保持其独特的文化魅力。让我们携手努力，共同守护好城市的文化遗产，为子孙后代留下一个充满历史底蕴和文化气息的美好家园。

第五节 明确生态城市目标，实现城市有机更新

随着城市化进程的加速推进，城市发展与生态环境保护之间的矛盾日益凸显。在这一背景下，明确生态城市目标，实现城市有机更新，成为当代城市规划与建设的重要课题。生态城市作为一种全新的城市发展理念，旨在通过科学规划、合理布局、绿色建设，实现人与自然的和谐共生，推动城市的可持续发展。

一、明确生态城市目标

在当今日益严峻的环境挑战和城市化进程中，明确生态城市目标成为城市有机更新的核心导向。这一目标并非单一维度的环境改善，而是涵盖了城市经济、社会、文化等多个维度的协同发展，是对城市未来发展方向的全面规划。

第一，生态城市目标的明确应以提升城市生态环境质量为核心。这要求我们在城市规划与建设中，注重绿地面积的增加和绿地系统的完善，通过科学合理的绿化布局，为市民提供优质的休闲空间，同时增强城市的生态服务功能。此外，水体质量的改善也是生态城市建设的重中之重，应加强对水源地的保护，严格控制水体污染，确保市民饮用水的安全。同时，保护生物多样性，维护生态平衡，是生态城市建设的内在要求，也是我们对子孙后代负责的重要体现。

第二，优化城市空间布局是生态城市目标的重要组成部分。合理的城市空间布局能够有效减少交通拥堵和环境污染，提高城市运行效率。在城市规划中，应充分考虑城市功能分区的合理性，避免城市功能的过度集中或分散，以减少不必要的交通流量和能源消耗。同时，还要加强城市基础设施的

建设和更新，提高城市的承载能力和应变能力，为城市的可持续发展提供有力支撑。

第三，推动城市绿色低碳发展是生态城市目标的重要方向。随着全球气候变暖问题的日益严重，绿色低碳发展已成为城市发展的必然趋势。在城市建设中，应大力发展循环经济、清洁能源等新兴产业，降低能源消耗和碳排放。通过技术创新和产业升级，推动城市经济结构的优化和转型，实现经济效益和环境效益的双赢。

第四，提升城市文化内涵是生态城市目标不可或缺的一部分。城市不仅是人们生活的空间，更是文化的载体。在生态城市建设中，应注重保护和传承城市历史文化，通过挖掘和整理城市的历史文化遗产，塑造独特的城市风貌和人文精神。同时，加强城市文化建设，提高市民的文化素养和审美水平，为城市的可持续发展注入强大的文化动力。

二、实现城市有机更新

城市有机更新，作为迈向生态城市目标的必由之路，不仅是城市发展的内在要求，更是实现城市可持续发展的重要举措。这一理念强调在维护城市历史文脉和地域特色的前提下，通过一系列的综合手段，实现城市的全面更新与升级。

第一，规划引领是城市有机更新的基础。我们必须制定科学、合理且具前瞻性的城市更新规划，确保更新目标与城市的总体发展战略相契合。这一规划应详细界定更新的范围、目标和具体任务，并制定相应的实施措施，以指导城市有机更新的全过程。同时，规划还须注重与城市历史文化和自然环境的和谐共生，避免盲目追求现代化而导致的文化断层和环境破坏。

第二，公众参与是城市有机更新的关键。城市的发展离不开市民的积极参与和支持。因此，在城市有机更新的过程中，我们必须广泛征求市民的意见和建议，确保更新项目能够真正反映群众的需求和利益。通过建立有效的公众参与机制，可以增强市民对城市更新的认同感和归属感，促进城市社会的和谐稳定。

第三，监督管理是确保城市有机更新质量和效益的重要保障。我们必须建立健全的监督管理机制，对更新项目的实施过程进行全程跟踪和监督。通过加强项目评估、质量检查和效果评价等环节，可以确保更新项目能够按照规划要求有序推进，实现预期的更新目标。同时，对于在更新过程中出现的问题和困难，应及时进行反馈和调整，确保更新工作的顺利进行。

第五章　城市更新视角下的城市设计

第一节　城市设计及其设计美学

一、城市设计的创新思考

（一）城市设计的价值观分析

城市设计的价值观主要体现在以下几方面：

第一，人本主义。城市设计的核心是以人为本，关注人的需求和体验。设计师须充分考虑市民的生活、工作、休闲等需求，打造宜居、宜业、宜游的城市环境。例如，在规划公共空间时，要注重空间的人性化设计，提供便捷、舒适的休闲场所。

第二，功能性。城市设计要注重功能性，确保城市空间的合理利用。设计师须根据城市的发展定位、产业特点等因素，合理规划城市的功能分区，实现城市空间的优化配置。例如，在商业中心区域，要规划足够的商业设施，满足市民的购物、餐饮等需求。

第三，可持续性。城市设计要关注可持续发展，注重生态、环保和节能。设计师须充分利用自然资源，减少能源消耗和环境污染，打造绿色、低碳、循环的城市发展模式。例如，在规划交通系统时，要优先发展公共交通，减少私家车的使用，降低交通拥堵和空气污染。

1. 城市设计价值观的重要意义

城市设计的价值观对于城市的发展和人们的生活具有重要意义。首先，以人为本的设计理念可以提高市民的生活质量，增强城市的吸引力和竞争力。其次，功能性的实现可以促进城市经济的繁荣和发展，提高城市的综合实力。最后，可持续性的追求可以保护生态环境，实现城市的可持续发展，为子孙后代留下更美好的生活空间。

2. 城市设计价值观的主要途径

为了实现城市设计的价值观，我们需要从以下几方面着手：

（1）强化规划引领。政府需要制定科学合理的城市规划，明确城市的发展目标、功能定位和空间布局，为城市设计提供指导和依据。

（2）推动多方参与。城市设计需要政府、专家、市民等多方参与，形成共同决策的机制。政府要广泛听取市民的意见和建议，确保设计方案的合理性和可行性。

（3）加强监管评估。政府需要加强对城市设计项目的监管和评估，确保设计方案的落实和执行效果。同时，要定期对城市设计进行评估和调整，以适应城市发展的变化。

（二）城市设计的多元营造与共享共商

城市的活力与生机源于生活的乐趣和昂扬的精神。城市设计的核心，即是场所营造，进而创造场景、承载乐趣、发扬精神。城市中的人在设计城市的过程中不断进行自我满足。

1. 城市设计的多元营造

城市设计是一门涵盖多个领域的综合性学科，它不仅关乎建筑美学，还涉及城市规划、社会学、环境科学等多个方面。在当今快速城市化的背景下，城市设计面临着前所未有的挑战和机遇。为了实现城市的可持续发展，我们需要从多个角度进行思考和营造，实现城市设计的多元化。

（1）多元化营造的理念。城市设计的多元化营造，首先意味着在规划过程中要充分考虑不同群体的需求和利益。这包括居民、企业、政府等多个方面。例如，在规划商业区时，我们需要考虑到商家的经营需求，同时也要考虑到居民的生活便利和城市的交通状况。这种多元化的视角，有助于我们制定出更加合理、人性化的城市设计方案。

（2）多元文化的融合。城市是人类文明的重要载体，不同的城市都有着独特的历史文化背景。在城市设计过程中，我们应当充分尊重和挖掘这些历史文化资源，将其与现代城市设计相结合，形成多元文化的融合。例如，在上海的陆家嘴金融区，设计师们巧妙地保留了上海滩的历史建筑，将其与现代摩天大楼相结合，形成了独特的城市风貌。

（3）绿色生态的营造。随着全球气候变化问题的日益严峻，绿色生态成为城市设计中不可或缺的一部分。我们需要在城市规划中充分考虑自然环境和生态保护，建设更多的公园绿地、生态走廊等，提升城市的绿色生态品质。此外，绿色建筑和可持续能源利用也是实现绿色生态的重要手段。例如，德国的汉堡市在城市规划中大量采用太阳能和风能等可再生能源，减少了城市的碳排放，提升了城市的生态环境。

（4）智慧城市的构建。随着科技的不断发展，智慧城市成为城市设计的新趋势。通过将信息化、物联网、大数据等技术应用于城市设计中，我们可以实现城市的智能化管理和服务。例如，在智能交通系统方面，我们可以通过数据分析来优化交通流线，减少拥堵和排放；在公共安全方面，我们可以通过智能监控系统来提高预警和应对能力。这些智慧化的手段不仅可以提升城市的生活品质，还可以提高城市的运行效率。

（5）社区参与的力量。城市设计的多元化营造还需要注重社区参与的力量。社区是城市的细胞，居民是城市的主体。让居民参与到城市设计的过程中，不仅可以充分反映他们的需求和意愿，还可以增强他们的归属感和责任感。例如，在旧城改造过程中，我们可以通过社区听证会、居民座谈会等方式，让居民参与到规划方案的制定过程中，确保改造项目能够更好地满足居民的需求。

2. 城市设计的共享共商

共享共商，顾名思义，是指在城市设计过程中，各方利益相关者共同参与、协商、分享的过程。这种理念强调的是合作与共赢，而非单方面的利益追求。通过共享共商，各方可以更好地理解彼此的需求和利益，共同推动城市设计的优化和发展。

在城市设计中，共享共商的重要性不言而喻。首先，共享共商可以促进各方之间的沟通和交流。在城市设计过程中，通过共享共商，各方可以充分表达自己的意见和看法，增进相互理解和信任，形成共识和合作。其次，共享共商可以提高城市设计的科学性和合理性。城市设计需要综合考虑多种因素，包括地形、气候、文化、经济等。通过共享共商，各方可以共同研究和分析这些因素，制定更加科学合理的城市设计方案。同时，共享共商还可以促进城市设计的可持续发展，确保城市发展与环境保护、社会公正等方面的平衡。最后，共享共商可以增强城市设计的民主性和公正性。城市设计关系到广大市民的切身利益，因此应该充分尊重市民的意见和诉求。通过共享共商，市民可以参与到城市设计的过程中，表达自己的需求和期望，增强城市设计的民主性和公正性。

二、城市设计的具体内容

（一）城市环境艺术设计

1. 城市环境艺术设计的元素

城市环境艺术设计中的空间实体与各种元素，在传递情感及审美信息方面发挥着重要作用。因此，深入探讨构成环境的形态要素，对于塑造环境的造型艺术至关重要。形态的构成并非仅仅是对线条和块面的简单组合，而是需要综合考虑技术、材料、结构、地域文化等多重因素，以创造出满足人们多样化需求的环境空间。

环境的形态要素主要包括形体、色彩、材质、光影和符号等，这些要素与环境的意识和功能等因素有着密切的关联。作为传达设计物感知、功能信息的最直接媒介，形态要素的外在造型表现是意识的主要感知来源，同时其设计也受到实用功能的制约。

自然界中的一切物体都具有各自的形态特征，这些形态可以分为具象形态和抽象形态两种类型。具象形态，也称为现实形态，是指人们通过感官因素和知觉经验能够直接感知到的、实际存在于自然界的多种形态。而抽象形态，又称纯粹形态或观念形态，包括几何抽象形、有机抽象形和偶发抽象形等，是人为思考、凝练的产物，体现了人工思维的精髓。

环境艺术的存在主要依赖于环境要素，它拥有独特的艺术观念表达，并强调与环境的和谐融合。通过空间形体、材质肌理、比例尺寸、光影色彩等造型手段，设计对象能够与周围环境形成协调统一的整体。为了准确把握环境形态要素之间的作用关系，我们需要对每个要素进行深入分析，并综合判断，从而有选择性地进行积极组合。尽管单一要素在表面上可能看似独立存在，不与周围环境产生明显的联系，但通过重叠或其他方法增加元素后，这些单一元素便会与其他多个元素产生视觉上的交互效应，进而营造出独特的空间效果。通常而言，同一要素的数量越多，整体设计风格也就愈发复杂。因此，深入了解环境艺术设计要素的内容、原理及设计方法，有助于我们对城市环境艺术设计的知识体系进行系统归纳和梳理。以下从四个方面，对环境形态要素进行详细分析。

（1）形体要素。在环境构建中，我们既塑造有形的实体，也通过实体对空间的限定、切割形成虚体，实体和虚体相辅相成，表达出环境的形与意。形是环境形态的基本组成部分，具有客观性、具体性。同时，人们在感受实体的时候，对实体的形态有着不一样的感受，会产生舒适、静谧、紧张、柔和等不同的心理感受，是人们对于形的主观反馈。

形体是由点、线、面、体、态等基本形式构成的，环境形体具体又分为动态、静态形体。环境空间形体通常是静态形式，若人们用具有倾向性张力、流动的观念去欣赏静态形体，便会从环境的静态形体中感知动态美。形体具备三维属性，我们识别形体时，视觉系统会捕捉形体线的变化，面与体的边缘变化。形体的和谐是景观整体设计风格和谐的前提。通常自然景观中存在很多不规则的曲线，鲜有直线。这个特点在设计实践中，应给予更多的考虑，因为不和谐的形状会引起人们的视觉冲突，造成视觉紧张，以致整体设计风格失谐。

第一，形体的点。点是建构的基础。严格来说，点没有大小，但是可以确定位置及关系。例如，一个光点、一些小的物体可作为一个点，远方的很小的建筑、一棵树等也可以作为一个点。点的不同位置关系会形成不同的视觉影响力。

一个点和一个面的相互关系：①在内部，居中——稳定；②在内部，偏离——稳定；③在内部，贴边——动态；④在外部，居中——潜在不稳定。

第二，形体的线。点在一个方向上延伸可产生一条线，两个平面或形状的边界也可以是一条线，人们的视线在多个相邻平面的边缘进行移动，会生成一条连续的线。点没有尺寸和方向，但是线可以描述方向，同时可以切割空间，线在景观设计中可以有自身的物性，属于定义性的要素。在景观艺术设计中，同时存在着自然的线和人造的线。自然的线包括天际线、地平线、山川、河流、植物的边缘和枝蔓等，而一些桥梁、道路、楼宇、农田的边界等则是人造线。

第三，形体的面。一条一维的线放在二维则可以延展成一个面。面只有宽度、长度，没有厚度、深度。通常，我们会把一张纸、一面墙都感知为平面。当人的视角受到影响，人眼无法感知形体全貌时，一个三维体块有时候也被感知成一个平面。这样的平面不限于简单平整，也可以是弯曲的，甚至扭曲的。由多个平面围合成的空间，即可满足诸多的功能需求。在自然界中，几乎不存在绝对的平面，却有很多可视为平面的接近理想平面的事物。例如平静的水面、光滑的墙壁等，在环境景观设计实践中都有广泛的应用。

两个平面的相互关系：①垂直——稳定，平衡；②倾斜——不稳定，动态；③平行——稳定，平衡。

第四，形体的体。"体是二维平面在三维的延伸，是三维要素形成的空间中的质体，分为两种类型：实体、虚体"①。实体既可以是规则的，比如立方体、柱体、球体、椎体等几何形体，也可以是不规则的，比如那些偶发随机的形体；虚体是由实体围合、切割或留白出来的负空间。虚体依靠实体

---

① 李佳蔚，赵颖. 当代城市环境艺术设计的系统性研究［M］. 沈阳：沈阳出版社，2019：113.

来呈现形体，实体依托虚体来表达感知，两者相辅相成，共同构建环境。例如，庄严肃穆的市政广场，在实体市政建筑的围合下，形成了开敞的虚体广场空间。

一个基本要素几乎不能孤立存在，通常需要多重要素进行组合，组合时能形成要素之间的整体性。距离是组合时影响主观感觉的重要因素。例如，有连续轨迹可寻的很多点，常被理解为一条线；处于同一水平位置的若干条线可以被理解为一个面；抑或因为感知距离的存在也可能被理解为一个点。点、线、面、体是空间的基本要素，是视觉的表述质体。所有的环境艺术设计作品的造型均是一个或多个形体要素的有机结合，我们所见的一切形体也均可简化为这些最基本的形体要素。然而，这些要素的识别性还与颜色、光线、运动、时间等因素有关。

（2）材质要素。在环境艺术设计中，材质是一个不可或缺且极其重要的表现性形态要素。材质不仅仅是物体表面的三维结构特征，更是连接人与环境、物质与精神的重要桥梁。首先，材质的审美价值主要体现在其肌理美上。肌理作为材质的直观表现形式，以其独特的纹理和触感，给予人们精神上的暗示和心理上的引导。材质的肌理美正是通过人们的触觉和视觉，与人们产生深层次的情感共鸣。其次，材质在环境艺术设计中，还能赋予空间以文化和内在精神层面的意义。不同的材质因其独特的质感和历史背景，能够传达出不同的艺术性、文学性和社会性特征。例如，木质材料带来的自然与温馨，石质材料传达的稳重与坚韧，玻璃材料展现的透明与现代感，等等。这些材质在设计师的巧妙运用下，能够塑造出各具特色的空间氛围，让人们在其中感受到不同的文化气息和精神内涵。

此外，在材质的分类上，可以按照其基本属性、质感特征和加工效果来进行划分，具体如下：

第一，从基本属性来看，材质可分为人工材料和天然材料两大类。人工材料如塑料、金属等，以其独特的加工性能和多样化的形态，为环境艺术设计提供了更多的可能性。天然材料如木材、石材等，则以其自然的质感和环保的特性，深受设计师和人们的喜爱。

第二，从质感特征来看，材质可分为软质材料与硬质材料、粗犷材料与精致材料等。软质材料如织物、皮革等，以其柔软和温暖的触感，给人带来亲切和舒适的感受。硬质材料如金属、玻璃等，则以其坚硬和冷峻的质感，展现出一种现代和高级的美感。粗犷材料如石材、砖瓦等，以其粗犷和自然的风格，赋予空间一种原始和野性的魅力。而精致材料如壁纸、涂料等，则以其细腻和精致的质感，营造出一种温馨和舒适的家居氛围。

第三，从加工效果来看，材质可分为触觉和视觉的肌理表现。触觉的肌理表现主要通过人们的触感来感知材质的质感和形态，如丝绸的滑腻、木材的粗糙等。视觉的肌理表现则通过人们的视觉来感知材质的色彩、纹理和光影效果等，如大理石的纹理、金属的光泽等。这些视觉和触觉的肌理表现，共同构成了材质的丰富多样性和独特魅力。

随着工业化的发展，新材质材料的不断涌现，为城市环境艺术设计提供了更为丰富的表现元素。这些新材质不仅具有优异的物理性能和加工性能，还能够满足各种设计的功能要求。同时，结合现代工艺和技术手段，设计师们能够创造出更多、更丰富的审美体验和环境感受。

（3）色彩要素。色彩的感觉通常是一般审美观中最大众化的形式，它能够引起人们的心理、生理变化，成为传达信息的重要形式。在人类每天所接受的大量信息中，通常80%左右都来自视觉，远多于五感中的其他四种感官获取信息的总和。而在所有作用于视觉的信息当中，色彩占的比例最大。有心理学测试显示，在视觉中人们对形状具有20%的敏感能力，对色彩具有80%的敏感度。人们对陌生事物的记忆，也是最先以色彩的形式储存在大脑中。我们习惯借助色彩来认知、适应和改变世界，它是影响人类感官的首要因素。

色彩是环境中最为活跃、最为生动的因素，通常会给人们可识别的、直观的感觉，在感情方面与形相比较占据优势。色彩作为环境形态的主要要素之一，能在人的心理及感官上产生直接的反应。对于环境形态来说，色彩不能独立存在，往往需要依附于光或形的形式出现，并且与形的关系较为密切。环境的色彩问题是色彩学在环境艺术设计中的应用，人们对色彩的感知取决于色彩三要素，即色相、纯度（饱和度）、明度（色值）。色彩的匹配是两种及两种以上的色彩在环境中以相对的位置、色调面积进行安排组合，保持和谐。层次感明确，匹配感和谐，纯度、明度、色相合适的色彩，为城市环境艺术设计增添了许多亮点。如果将城市比作一部舞台剧，一个城市的环境色彩就是这个舞台的背景色彩。环境艺术设计者在设计构造城市背景的同时，就需要将线条、色彩等因素进行综合考虑，设计出和谐、完整、统一的城市底色。

城市环境色彩设计是一项比较复杂的课题，设计者要遵循色彩协调的准则，综合斟酌环境领域的要素，包括环境功能、面积、位置、地域特色、文化传统、历史风俗等，将材料本身的质感、色彩表现力发挥到最大，传达色彩的意义。色彩要与环境相协调，与形相一致，通过色彩间的匹配，做到整体色调的统一，使形式统一而不单调，从而创造良好的空间环境。

（4）光影要素。光与照明是环境艺术设计营造的形态要素，极大地丰富了环境空间，在环境艺术设计中的作用也越来越重要，成为设计师创造良好空间环境的基础。光作为分隔空间、界定空间、改变室内外环境氛围的手段，不仅起到了照明的作用，而且对于营造空间氛围、装点装饰格调、体现文化内涵具有重要作用，是兼顾文化性与实用性的重要形态要素。

光作为照明在环境中有自然光、人工光两大类。自然光主要指太阳光直接照射或经过反射、折射、漫射等形式形成的天然光源；人工光中最重要的形式就是灯光照明。一般而言，在环境设计中照明的呈现方式有灯具照明、泛光照明、透射照明。在环境设计中用光，需要考虑的主要因素有：空间环境因素，包括空间的构成要素（色彩、位置、质感、形状等）、空间的位置等；物理因素，包括光的颜色、波长、频度，空间表面的平均照度、反射系数，受照空间的形状和大小等；生理因素，包括视觉眩光、视觉疲劳、视觉功效等；心理因素，包括色彩效果、色彩构图、照明方向、动静明暗效果、视觉感受等；社会与经济因素，包括区域的安全要求，地区的照明费用与节能情况，是否存在光污染问题；等等。

2. 城市环境设计的吸收与转化

（1）正确吸收外来城市环境艺术设计的精华。在全球经济一体化的背景下，我国城市环境艺术设计不可避免地受到外来文化及国际化风格的影响。为了有效应对这一挑战，我们需要保持本民族优秀传统文化的自觉性和独创性，避免本土文化和生态环境设计的遗失。同时，正确吸收外来城市环境艺术设计的精华，并非简单地模仿和拿来主义，而是要在多元文化的背景下，取其精华，去其糟粕，实现本土设计与国际潮流的有机结合。

面对现代化发展给本土设计元素带来的挑战，我们必须理性分析存在的问题，以科学的态度对待外来文化，引导其在我国土壤中发挥积极作用。在此过程中，我们要保持批判性思维，认识到外来的并不一定意味着先进，而是要通过甄别和筛选，借鉴其中的精华部分。一方面，我们要积极向国外优秀设计案例学习，充分利用当今社会前沿的科学技术手段；另一方面，我们要发挥自身的设计创造能力，让我国特色的历史文化焕发新的生机，创造出具有中国特色的城市环境艺术设计作品。同时，我们还应关注优秀城市环境艺术设计师的培养问题，为他们提供更多实践展示的机会，以促进这一学科在我国的可持续发展。

（2）加强城市环境艺术设计中的文化自信。在城市环境艺术设计的实践中，必须加强对文化自信的培养。生态的概念不仅涵盖了自然生态，还涉及历史和人文生态。设计本身就是生态体系的一个重要组成部分，因此，城市环境艺术设计不能脱离对生态的依存。鉴于各个地区历史和人文生态的独特性，将本土特色元素与现代城市环境艺术设计相融合显得至关重要。如果一个城市环境艺术设计作品，未能充分体现本土生态文化特点，那么它就无法真正符合生态要求。同时，若设计作品未能深入研究并吸收本土文化的精髓，那么它也不能被视为一个成功的作品。

在横向维度上，城市环境艺术设计的生态美要求设计与周围环境相融合，这包括造型与技术的和谐美以及与周围环境的和谐美。而在纵向维度上，历史环境作为生态环境的一个重要组成部分，为我们从生态学角度进行分析和研究提供了可能。我国古典美学源远流长，内容丰富，不仅是我国文明的瑰宝，也是世界文明的宝贵财富。在艺术作品的生态美方面，中国自古以来就强调"师法自然"和"和谐共生"的审美情趣和思想精髓，这为我们的设计理念提供了先天的发展优势。因此，我国的设计师在借鉴和吸收国外优秀设计经验的同时，更应深入挖掘并融合本民族深厚的古典美学和文化遗产，以增强文化自信。我国古典美学对我国城市环境艺术设计具有强大的影响力。例如，我国古代的城市布局和富有创造性的艺术场景设计，这些古人的设计创作精华对于启发和促进我国当代城市环境艺术设计的发展具有极大的价值。

在实践中，正确处理本土与外来两种城市环境艺术设计元素的关系至关重要。我们需要将吸收外来设计文化与深入挖掘本土历史文化内涵相结合，实现民族特色与时代化、国际化的融合共进和协同发展。考虑到我国地域辽阔，不同地区和城市的历史和人文生态各有特色，我们在设计中应充分考虑和把握这些地域性的历史和文化特点。例如，北方人的性格豪放、气势宏大，我们可以将这种艺术情绪融入北方的城市环境艺术设计中；而南方人的清新婉约、偏好小桥流水人家的设计风格，则需要在设计时结合当地的风土人情。通过深入了解每个地区的历史和人文生态，我们不仅可以增强整个民族的文化自信，还能为人文生态的延续和传扬做出积极的贡献。

（3）对传统建筑要采取改造及再建造的态度。传统建筑是时代文明的结晶，更是地区文化精髓的象征。我们对历史遗留的建筑物应该具有保护意识，不能一味地舍弃，应该秉持改造和再建造的理念，竭尽全力去传承、恢复和再造这些优秀历史文化的产物，继承和发扬传统历史建筑的精华，努力将其与现代化城市建设融入到一起。例如，北京城内留存的历史建筑，让世界人民能够欣赏和感受到中国传统建筑形式的魅力以及建造工艺的精湛。

传统文化对如今的城市环境艺术设计有着深刻的影响，对于传统文化中的精华部分我们要传承并加以转化，融入时代元素，在实践过程中将传统文化元素灵活运用，发扬光大，这种创新的实际例子很多，如北京菊儿胡同旧区改造，我国设计师在方案设计过程中，既继承了民族传统建筑艺术的精华和城市空间艺术，又创造了一种崭新的建筑理念和城市空间艺术，也就是著名的现代新四合院，这样的设计改造方案既保留了北京独有的传统院落建筑风格，同时又对邻里关系及居住方面进行了独具匠心的处理，这种巧妙的设计完美地继承了传统的城市环境艺术设计理念，为旧城改造工程树立了良好典范。

3. 城市环境设计的可持续发展

人既是环境的产物，同时也是社会环境的主角，城市环境艺术设计是现代城市建设的重要手段，也是人类改造生存环境系统的重要方法，当代城市环境设计的未来发展路径必然要贯彻以人为本的指导思想，通过技术和艺术的完美融合，促进人与环境、人与自然的和谐发展。

现代城市环境艺术设计是艺术、生活和科学的系统性融合，是技术、功能和形式的整体协调，通过对物质条件的塑造实现精神文明的追求，其最高理想和终极目标就是创造人性化的生活环境。城市环境艺术设计的根本目标不是服务个别对象或实现设计的基本功能，而是在于更好地把握时代特征、融合地域特色和新技术理念，基于历史人文、环境特色和地方资源，创造出合乎时代特征又兼具高品质生活形态的环境产品。当下，人们把更多的目光投放在对环境品质的追求上，城市环境艺术产业的发展空前活跃。为顺应社会与时代的新诉求，解决发展与环境的新矛盾，城市环境艺术设计需要深刻领会新时代的哲学思想，深入把握主流设计规律，将东西方先进的设计理念融会贯通，灵活解决时代设计命题。综合而言，当代城市环境设计的未来发展有以下趋势：

（1）资源使用更加经济优化。城市环境艺术设计要考量经济因素，使设计活动与经济因素相协调相适应。这里的经济因素不单指设计和建造所必要的经济成本，更强调的是一种经济意识，强调社会综合资源的优化使用，从而带来可持续稳定的经济增长，以及持续可观的正外部效应。成功的环境艺术设计案例一定是依托前期的设计愿景及定位，充分考虑投入成本，可以为业主和经济社会发展带来持续收益的。

经济基础决定上层建筑，社会生产方式和经济水平的发展，必然带来人们思想意识的变化，人们的思想意识和受教育程度的增长也会反过来影响社会生产生活方式。在当前的信息化时代，文化的传播更加迅捷，多元的生活态度和设计理念不断刷新着人们的生产生活甚至生命的形态。城市环境艺术设计也在这种碰撞和挑战中获得沉浮与新生。当前，单纯依靠成本投入来衡量环境艺术设计的经济性已经不再可取，取而代之的是将人性化、科技感、生态性、兼容性等要素纳入衡量环境艺术设计的评价指标体系。特别对于强调空间功能分布和结构调配的建筑领域，要合理安排各功能空间，实现最高使用效率，在进行环境艺术设计时必须充分考虑区域空间未来的使用和拓展前景。

美国设计师富勒主张以更少而获取更多，即少费而多用的设计思想，这一思想为优化资源配置，实现经济环境高效益、高回报，可持续发展的环境设计提供了理论遵循。例如，加拿大蒙特利尔世界博览会上的美术馆由富勒设计，馆体由一个多面体的张力杆件弯窿组成，高60m，直径76m，内部还有一条长约38m的自动扶梯，以及一条贯穿大穹窿高约11m的火车道。它是美国建筑独特性的典型，球形结构设计使其独树一帜，这种巨型穹窿的节点排列方式和科学家发现的第三种碳原子的排列方式惊人地吻合，可以根据设计需要在不用重新进行结构设计的同时无限增大其尺寸。富勒"少费而多用"的设计理念在这里得以完整体现。

提到资源的有效使用就不得不提到环境保护。环境保护已经成为现代城市建设的首要因素，只有正确理解和处理区域经济效益和环境效益两者间的关系，才能实现环境保护和经济发展协调统一。在未来的城市环境艺术设计中要增强环保意识，不断协调城市经济发展和环境保护投入两者间的平衡，从多渠道防止环境污染与生态破坏。在经济发展水平的持续提高的同时，也要逐步加大对环境保护的投入，确保环境保护工作能够跟上地区经济社会发展的需求，避免出现经济发展和环境保护失衡。

（2）生活理念展现自然化倾向。人类的生存离不开自然环境，环境保护的核心问题是如何认识和使用有限的资源，这不仅需要技术上的创新，行为模式上的改进，更需要思想意识的深刻转变。对这一问题的担忧与关注，推动着人们思想观念的极大转变。1974年舒马克在《少就是美》一书中提出，"在这个资源有限的星球上，人类以为自己仍可以以不断增加的发展速度进行生产、消费活动的想法是不切实际的"。仁平在《时尚与冲突——城市文化结构与功能新论》中描述："当我第一次碰到关于自然界在人类世界中的地位问题时，那时候城市还没有将自然层层包围起来，而只是局部的自然环境地区被侵蚀和破坏了……如今的美国和欧洲的土地被大面积破坏、侵蚀，原生态的自然区域大面积减少，这种情况不只是发生在农村，还持续发生在不断扩大的城市范围。"这种观念将环境问题一次次推到人类发展的重要议题之前，也在城市的现代化发展与环境艺术设计之间建立起紧密的联系。

随着生态理念和环保意识的增强，人们对自然的理解越来越深入，不仅包括田园诗般的家居陈设，更包含返璞归真的自然主义倾向的生活方式，人们追求天然绿色环保材料，吃有机食品，喝低糖饮料，将自身与自然的关系由过去的开发利用转换成今天的相互依存，这种生活理念的巨大转变，也深刻体现在城市环境艺术设计的自然化倾向之中。全球的设计师们持续关注"回归自然"的设计主题，创造各种设计纹理，采用各具特色的贴近自然的设计手法和工艺，来引导人们对自然的联想。在全球范围内掀起巨大影响的北欧斯堪的纳维亚设计流派，就是在此时逐渐发展壮大起来的，其设计风格注重天然材料和自然色彩的运用，大量使用民间艺术手法和设计元素，在家居环境设计中创造出浓郁的田园气息。

对今天的城市环境艺术设计而言，要在设计过程中秉承对生态环境负责的理念，坚持可持续发展原则，着力解决有关生态环境与城市建设协调发展的问题。既要认识到并运用好设计潮流中的自然化倾向，倡导自然环保的生活方式，又要在建设中节约合理利用自然环境，提高城市土地利用率，增强资源的循环再利用，延长自然环境的生命周期，减少能源减耗，实现对生态环境的科学开发与保护。

（3）绿色和谐成为发展共识。人的需求分为从低到高的五个层次，随着诸如生理、安全等较低层次需求的满足，人们会转而追求情感、尊重、价值等更高层次的需求。目前，人们在全球城市化进程中更加关注社会环境发展，对自身发展的理解也更加多元，开始重视诸如社会生活方式、价值观和文化理念等更高层次的需求要素。多种观念相互碰撞、相互融合形成了新的环境艺术设计理念。景观设计大师俞孔坚认为，人们对环境的需求朴素而不简单，包括呼吸到新鲜空气、喝到干净的水、一片可供休憩的绿荫、一片具有安全感的场所和与他人畅快聊天的环境，人们总是希望能拥有一个能升华精神而不是苟且偷安的场所。因此，城市环境艺术设计的正确方向就是提升人的精神品质，创造一个具有艺术性的、具有人文品质和精神追求的空间环境。

社会环境从整体上而言，是一个动态平衡相对稳定的生态系统。城市的诞生始于社会的发展，城市的演化也承载着历史的更迭。伴随着人类社会活动与交流的发展，发生在城市身上的沧海桑田和日新月异一刻也未曾停止。城市的革新是社会变迁的外在表现形式，同时也是社会变迁的重要组成部分。当今的信息化社会将人类的生活方式和生活节奏带入了一个全新的高度，消费与消耗比肩增长。曾指引我们到达今天的道路，不再一定能指引我们到达未来。在这种慎思下，可持续发展的理念被提出并深入人心，它需要人们重新审视既有的发展方式，倡导城市与环境的平衡与和谐，关注人类真实的需求，合理利用自然资源。人们在当下和未来所创造的生存环境应该成为促进社会和谐、可持续发展的载体。

可持续发展理念强调城市建设不应仅着眼于当下的社会环境条件，而应该具有大局观、生态观、动态观。要着眼于地区环境生态系统的整体发展，一个城市的小社会环境与微社会环境的建设发展必须建立在其所在的大区域环境的可持续发展的基础上，并且符合生态发展要求以及历史发展需求。对城市、乡镇、农村发展的诊断与规划，既不能在研究城市问题时单纯考虑城市问题，也不能在研究乡村问题时只看到农村。城市发展的时空极限和发展潜力只有在更大的结构和组织优化的基础上才能实现突破和创新。因此，"未来的城市环境艺术设计需要在更大的结构和组织上实现社会环境平衡，就要关注历史与现代的平衡、生存与发展的平衡、人工与自然的平衡、效率与活力的平衡,在整体维度上,综合协调处理各方面因素,实现社会整体绿色、协调、科学发展"[1]。

(4)审美中的个性化与高情感化。在经济、信息、文化高度繁荣的当代社会,人们的审美意识和审美需求空前增强,环境艺术设计的新理论和新手法异彩纷呈,获得了蓬勃的生命力和广阔的发展前景。在审美理念与工艺技术手段相对发达的国家,城市环境艺术设计产业正朝着科技和情感融合的趋势发展。在融合中,体现了对新工艺新材料的审视,也体现出对人的重新发现与个性化思考。随着社会的进步,人们对城市环境空间提出了新的更高要求,简单的绿化或景观已无法满足当代人们的审美需求,人们更加倾向于集休闲、绿化、建筑、文化、娱乐、信息于一体的复合型设计。千篇一律的同一化设计现状正在被打破,人们需要在个性化与情感化设计之中寻找主体价值的实现。

艺术设计是需要创作灵感的,是设计者表达自身情感的作品,杰出的设计作品能够深入人心,引起审美共鸣,调动人们的情感和联想。在城市环境艺术设计中,设计者赋予作品文化特性,将城市文化以各种鲜活的元素形态储存并且表现出来,与人们形成审美认知和情感层面的沟通交流。在我国的环境设计作品中,设计者通常会赋予作品以寓意吉祥如意、团圆美好的民俗文化元素,高情感化的文化元素已经融入城市生活的各个方面。例如,设计师将人们喜闻乐见的民俗文化"节节高"应用到香港中银大厦的结构设计理念中,递减的三角形向上组合而成,既稳固又符合人们对"芝麻开花节节高"这种美好吉利的寓意的认同。

(二)城市景观设计内容

1. 城市水体景观的设计

水对于人类而言是至关重要的,无论何时人类都离不开水。随着人类文明的不断发展,城市逐渐形成,城市大多都建立在水源充足的地方。人类文

---

[1] 李佳蔚,赵颖. 当代城市环境艺术设计的系统性研究[M]. 沈阳:沈阳出版社,2019:41.

明和城市起源总是与水密切相关的，很多国家和地区文化特征都用该国家和地区的主要河流名字命名或象征，如尼罗河文明、黄河文明等。远古先民在有水的地方建设自己的家园，创造生存环境。《玄中记》中记载："天下之多者水也，浮地载天，高下无所不至，万物无所不润。"水体减少了城市的繁杂与张力，是城市生态中难得的湿地，维持着生物的多样性。水与人们的生活息息相关，是所有的生物赖以生存的首要条件。中国传统文化中就有"仁者乐山，智者乐水"（《论语》）的佳句。山与水构成了中国艺术精神中最具代表性的符号。古希腊时期，亚里士多德主张理想的城市应处于河流或泉水充足、风和日丽的地方，以保证居民饮水的便利和环境的优美。

此处强调的水体景观是指水环境艺术景观，包括水体形态、濒水区形态以及水在不同环境中的多种艺术形态。水环境艺术设计是设计艺术学科中一门新兴的综合性边缘课题，它是人类在生态时代背景下以人文学科和自然学科为支撑，对人类生存的地表水域及其相关要素的构成关系进行整体的艺术化关注。城市滨水区是城市中一个独特的空间地段，是指与河流、湖泊、海洋毗邻的陆地，是区域内陆域和水域连接的地段。

城市软质景观环境艺术设计中的水体可以分为自然水体和人工水体两大类，大至江河湖海，小至水池喷泉，这些水体都是城市景观组织中最富有生气的自然因素。水的光影、形色都是变化万千的景观素材，因此水体景观的艺术创造要比一般土地、草地更具生动的艺术表现力。水环境艺术设计的变幻无常和体态无形的特点增加了水体景观的生动性和神秘感，它或辽阔或蜿蜒，或宁静或热闹，大小变化，气象万千。

水体作为一种联系空间的介质，其意义超过了任何一种连接因素，小溪、泉水、天然瀑布、江河、湖泊、海洋等自然水体，它们有的气势宏伟，景观视野广阔；有的温文尔雅，清秀动人。水体岸线是城市中最富有魅力的场所之一，它是欣赏水景的最佳地带，通常是城市居民休闲娱乐的场所，因此成为城市景观规划设计的亮点地带，十分具有表现力。水的柔顺与建筑物的刚硬，水的流动与建筑物的稳固形成了强烈的变化与对比，使城市空间具有更大的开放性，使景观更为生动。流动的水体成为城市动态美的重要元素，是构成城市软质景观特征的重要元素。

人工水体包括水池、喷泉、人工瀑布、人工湖、人工运河等形式。虽然人工水体与自然水体相比较为小巧，但是通过这些小元素的组合常常会使人工水体成为城市环境中最生动、最活跃的软质景观因素。经过人为的规划与设计，水池、喷泉、瀑布飞溅的水花和不断的涟漪使城市又多了一份动态美，当它们静止时，水池宁静的气氛和和谐的光影又使城市充满了虚实相生的神奇意境。

(1) 城市水体景观设计的形式。水体景观由水存在的形式、造景手法和表达方式构成，它的存在形式主要是喷泉、瀑布、水池、河流、湖泊等，都是大家喜欢接受也是运用较为普遍的几种形式。水体没有固定的形态，它的形态由一定容器或限定性物体构成。容器的大小、形状和密度变化都能改变水的造型变化。水的表现效果也是不同的，有的水平和温婉，有的水激流浩荡。水的形态还因为受到地球引力的作用，表现为相对静止和运动状态。根据水体的这个特点可以将水体景观分为静水景观和动水景观两大类。静的水使人感觉到宁静、安详、柔和；动态的水使人兴奋、激动和欢愉。水变幻莫测的特性为景观设计师带来了不一样的激情与灵感。

第一，水体景观的形式。水体景观设计可分为以下几种类型：

一是，流水。中国古代有"曲水流觞"[①]的习俗。例如，乾隆时期在圆明园中仿建了兰亭，把曲水流觞缩小在亭中的地面上，留出婉转曲折的流水槽，将山水或泉水引入其中，从石槽流过去，人们在亭中畅饮颂诗吟词，被称作"流杯亭"。

二是，静水。静水是指水体的运动变化相对平和、舒缓，适合表现在地平面比较平缓的地带，没有明显的落差变化。通常静水景观可以产生独特的镜像效果，形成丰富的倒影变化，较小的水面适于处理成静水景观。如果做

[①] 曲水流觞，是中国古代汉族的一种民间传统习俗，后来发展成为文人墨客诗酒唱酬的一种雅事。阳历的三月上巳日人们举行祓褉（fúxì）仪式之后，大家坐在河渠两旁，在上流放置酒杯，酒杯顺流而下，停在谁的面前，谁就取杯饮酒，意为除去灾祸不吉。

大面积的静水，会使人感觉有些空旷、空而无物、松散而无神韵。大面积的静水形式需采用较繁复的设计手法，如曲折、回转等使之更为丰富。

三是，喷水。喷水是经加压后形成的喷涌水流，是较为常见的人造景观，它有利于城市环境景观的水景造型，人工建造的具有装饰性的喷水装置可以湿润周围的空气，减少尘埃，降低气温。

四是，落水。落水景观的艺术形式主要有瀑布和跌水两大类。瀑布是一种自然景观现象，也可以做成人工瀑布，有面型和线型等形式。

第二，滨水区景观的形式。城市滨水区景观的构成会因地理位置的差异而形成不同的景观形式，还会因季节、天气、时间的不同而产生多种景观形象。在设计中依据城市滨水区水系的流向、流量、形状的变化把城市滨水区景观划分为线形景观区、带形景观区和复合形式景观区。线形景观的特点是狭长、多变，有明显的导向性。线形空间多构筑于流量较小的河道上，由景观构筑物群或植物带形成连续的、对景的界面形式。中国的周庄、著名的意大利水城威尼斯都是利用线形结构布局的。其中，河道纵横，两岸店铺相连，景观优美、奇特，吸引了众多世界各地的游客。复合形式景观区的特点是水面辽阔，形状不规则，景观进深较大，空间的限定作用不强，空间开敞。复合形式水面作为背景的作用会为整个景观区域创造更多的价值。海、湖的沿岸地区可以视为复合形式景观区，因为岸线复杂，其构成的景观区域也是十分丰富的。当城市面向大湖、大海方向扩散、延伸的时候，更能使人感觉到开敞辽阔的感觉。

滨水区景观风貌在统一的基础上还应该形成鲜明的特点。在景观定位方面应该加强对本地文化特点的挖掘，并与国内外其他城市进行比较，形成对色彩、外观、风格的总体规定。在统一的景观规划的基础上，要与景观周边的道路、建筑、广场、公园绿地的风格一致，使城市滨水区景观成为带动城市景观发展建设的一个窗口，让整个城市景观都联系在一起，形成一定的体系。驳岸是保护水体岸边的工程设施。城市内河、海、湖等水体及铁路旁的防护林带宽度应不少于30m。滨水区景观既要注重效果，又不能忽视水安全效益、水资源效益及水环境效益。

（2）城市水体景观设计的作用。在一切依赖视觉和感觉感知的景观中，水是动、植物和人类社会不可或缺的要素。同时，它能与其他景物形成完美的联系与配合，为景观在不同季节增添活力，既稳重又灵活，其存在使景观更加生动丰富。水赋予景观生命，使之焕发活力。湖泊水面的宁静姿态能令人心旷神怡，而河流、瀑布、喷泉的流动姿态则让人感受到声音与力量的交织。

第一，流水的声音。在气势磅礴的瀑布下，急速流水飞溅的水花和轰鸣声使人精神振奋，岩洞中叮咚跃落的水滴则令人放松身心，而在山泉潺潺的流溪边，人们往往能够暂时忘却尘世的烦恼。在景观设计中，我们可以模仿水声来构筑空间环境，使城市中的水体艺术设计作品能够让人们随时观赏到水的景致，聆听到水的乐章。

第二，触摸的感觉。水体因所处环境的不同而呈现出山泉的清凉、河水的温暖、温泉的炽热以及湖水的幽深。水的活跃性吸引着人们去感受、去触摸、去游泳。景观设计师应当加强流水与静水的对比，突显水的不同特点，同时在嬉水区域及岸边设置可供休憩的圆石，以提升其实用性和趣味性。

第三，嗅觉的气味。在自然环境中，水汽的蒸发能够传递出水质的味道，海风带来的是海水的咸味，阴雨天气和晴朗天空下的空气则有着截然不同的气息。这些都是水蒸气运动的结果，因此，在景观设计中，水汽的蒸发是景观设计师应当考虑的重要因素之一。

（3）城市水体景观设计的原则。水环境艺术设计同绿化设计一样，是景观的重要组成部分。水体景观设计可分为两类：借景和造景。借景是指在规划设计中将天然的水景引入进来，而造景则是通过人工手段创造出水景。借景重在观水，造景则强调亲水体验。我们之前提及的水体景观包括静水、动水、跌水、喷水等形式。静水景观多采用循环流动的水，需要设置循环水净化装置以确保水质，为水生植物提供良好的生态系统，避免水质恶化。

在景观设计中，水环境艺术设计既是重点也是难点。景观因水景的存在而显得灵动。水景常常是景观中最活跃的元素，它集流动的声音、多变的姿态、斑驳的色彩等诸多因素于一体。水的流动与静止是水景的重要表现特征，一动一静，变化万千。水景设计无不围绕水的动感与静止进行，旨在突出这两者的特色。水景设计一般分为观水设计和亲水设计两种。

第一，观水景观设计通常指观赏性水体景观，仅供观赏而不具备娱乐性。观赏性水景可以作为独立的水景，也可以通过种植水生植物或养殖水生动物来增加水体的综合观赏价值。

第二，亲水设计则侧重于提供嬉水体验的水景，为水体增添了游戏娱乐功能。这种水景的水体深度不宜过大，在深水区域应设计相应的防护措施，以确保儿童活动的安全为最低标准。同时，也可以在较深的水边设置构筑物以支持亲水活动。

在进行水环境艺术设计时，首先要明确设计区域在实用功能上的特殊性，进而确定水体景观的形式（包括水体景观的整体与局部形态、色彩等），使设计方案更加全面、协调。其次，要深入了解设计区域的人文背景，将可能具有的民族或乡土文化因素、历史文脉、特定的民间风俗等有机地融入水体景观设计中，使精神与物质更好地结合，准确定位水体景观艺术设计在内容与意境表达上的方向。再次，要关注当代大众的行为心理和审美趋向，因为水体景观艺术设计最终是为公众服务的，具有"公共性"的设计特征，因此优秀的水体景观艺术设计作品必须能够令大多数人满意。最后，要明确设计作品的个性与风格。虽然水体景观艺术具有公共性，为公众服务，但水体景观艺术同样讲究个性和风格。缺乏个性风格的景观艺术设计很难称得上是佳作。因此，在设计中要协调好整体与局部、大与小、共性与个性的关系，即要平衡大众行为心理和审美趋向与作品本身个性风格之间的关系。

2. 城市绿地景观设计

（1）城市绿地景观的发展阶段。随着城市化进程的加速，城市绿地景观作为城市生态系统的重要组成部分，其发展趋势逐渐受到人们的关注。城市绿地景观的发展不仅关乎城市的生态环境，更与市民的生活品质息息相关。以下从城市绿地景观的萌芽期、成长期和成熟期三个阶段，探讨其发展历程及特点。

第一，萌芽期：绿化意识的觉醒。在城市化初期，随着人口的不断聚集，城市规模逐渐扩大，但此时的城市绿地景观建设尚未得到足够的重视。随着人们对环境保护意识的提高，城市绿地景观开始进入萌芽期。在这一阶段，城市绿地主要以公园、广场等公共绿地为主，绿化意识开始觉醒，市民对绿地的需求逐渐增强。例如，19世纪末的伦敦，随着工业革命的推进，城市环境问题日益严重，人们开始意识到绿化对改善城市环境的重要性，于是伦敦市政府开始着手建设城市公园，为市民提供休闲、娱乐的场所。

第二，成长期：绿地景观的多样化发展。进入20世纪，随着城市规划理念的不断更新，城市绿地景观建设进入了成长期。在这一阶段，城市绿地景观开始呈现出多样化的特点，不仅涵盖了公园、广场等公共绿地，还包括街道绿化、居住区绿化、生态廊道等多种类型的绿地。此外，城市绿地景观的建设也开始注重与周边环境的协调与融合，力求打造宜居、宜游、宜业的城市环境。以新加坡为例，该国政府提出了"花园城市"的理念，通过大规模的城市绿化工程，将绿地景观融入城市的每一个角落，使新加坡成为一个生态宜居的典范。

第三，成熟期：绿地景观的品质提升与创新发展。进入21世纪，随着全球环境问题的日益严重，城市绿地景观建设迎来了成熟期。在这一阶段，城市绿地景观的建设不再仅仅局限于数量的增加，而更加注重品质的提升与创新发展。例如，一些城市开始尝试将绿地景观与科技创新相结合，通过引入智能灌溉、生态修复等先进技术，提升绿地景观的生态效益和可持续性。同时，城市绿地景观的设计也开始注重文化元素的融入，以展现城市的独特魅力。如中国的杭州西湖景区，通过巧妙运用传统园林艺术手法，将自然与人文景观相结合，成为国内外游客争相游览的胜地。

（2）城市绿地景观功能的划分。绿地景观属于城市软件景观，是构成生态系统的重要组成部分。城市绿地的主要功能可以概括为生态功能、美化功能和生产功能。其中，生态功能及生产功能能减轻风沙；阻隔和吸收烟尘；降低噪声；提升空气质量，吸收二氧化碳，放出氧气，改善城市气候；保持水土，抗灾防火，等等。绿地还可根据不同环境景观的设计要求对不同植物的观赏形态加以设计，从而达到美化环境的作用，增加景观美的感受。绿地

景观设计是景观设计中不可缺少的组成部分,也是景观设计的一个主要手段。绿地的主要类型及功能具体如下:

第一,公共绿地。公共绿地是城市中的零星块绿地,向公众开放,如城市公园、街头绿地等。一般而言,公共绿地规模较大,功能设施较全,能满足市民游玩和休憩的需求,对改善城市面貌、改善生态环境具有显著作用。同时,公共绿地是进行交流活动和紧急疏散场所的开放型绿化场地。一个城市中公园绿地的数量、质量及其分布状况是城市绿地建设水平的重要标志。

第二,生产和防护绿地。乔木、灌木、花卉、草坪等植被的选择须考虑植物的生态功能。例如,工业区外围的隔离带与道路中间的隔离带都是廊道绿地,但它们的植被和植物配置是不同的。工业隔离带的生态功能是降低工业可能会造成的大气或噪声污染,因而选择以乔木为主的植被类型。

第三,单位及居住绿地。单位及居住区绿地属于居住用地的一个组成部分,同时也是城市绿地的重要组成部分。居住区内绿地应包括公共绿地、宅旁绿地、配套公建所属绿地和道路绿地,其中包括了满足当地植树绿化覆土要求,方便居民出入的地上或半地下建筑的屋顶绿地。新区建设绿地率不应低于30%,旧区改建不宜低于25%。

居住小区是人们日常生活的环境,随着物质生活水平的日益提高,人们对居住区绿化、美化的要求及欣赏水平也越来越高。如何使环境适应现代建筑,满足功能需求,是居住区绿化规划要解决的问题。居住区内的绿地规划应根据居住区的规划布局形式、环境特点及用地的具体条件采用集中与分散相结合,点、线、面相结合的绿地系统,并宜保留和利用规划范围内的已有树木和绿地。居住区内的公共绿地应根据居住区不同的规划布局形式设置相应的中心绿地,如老年人、儿童的活动场地和其他的块状、带状公共绿地等。

居住区绿地规划应因地制宜,充分利用原有地形地貌,用最少的投入、最简单的维护达到设计与当地风土人情及文化氛围相融合的境界;应以人为本,贴近居民生活,规划设计不仅要考虑植物配置与建筑构图的均衡以及对建筑的遮挡与衬托,还要考虑居民生活对通风、光线、日照的要求,花木搭配应简洁明快，树种选择应按三季有花，四季常青来设计，并区分不同的地域。北方地区常绿树种不少于40%，北方冬季、春季风大，夏季烈日炎炎，绿化设计应以乔、灌、草复层混交为基本形式，不宜以开阔的草坪为主。居住区道路绿化树种应考虑冠幅大、枝叶密、深根性、耐修剪等要求，要有一定高度的分枝点，侧枝不影响过往车辆，并具有整齐美观的形象；落果要少，无飞毛、无毒、无刺、无味；发芽要早，落叶晚，并且落叶整齐，如银杏、槐树、合欢等；病虫害也要少。居住区组团级道路一般以自行车和行人为主，绿化与建筑关系较为密切，绿化多采用开花灌木，如丁香、紫薇、木槿等。

第四，道路绿地。道路绿地是城市生态绿化系统中不可或缺的一环，作为连接城市内部与外部环境的桥梁，其在很大程度上直观展现了城市的绿化程度和景观特色。道路绿地涵盖了路侧绿化带、中央分隔带、两侧分隔带、立体与平面交叉口、广场、停车场以及道路红线范围内的边角空地等绿化空间。其设计应基于城市的性质、道路功能、自然地理条件以及城市环境等因素进行科学合理的规划。在道路绿化的树种选择上，我们应优先考虑那些能适应本地气候和土壤条件，以及能够承受城市复杂环境的乡土树种。所选树种应具备树干挺拔、树形优美、夏季能提供遮阴、耐修剪、抗病虫害、抗风灾以及抗有害气体等特性。

此外，道路绿化设计还需要与道路照明、交通设施、地上杆线、地下管线等其他城市基础设施进行协调配合。在种植位置、种植形式、种植规模的选择上，应结合交通安全、环境保护、城市美化等多方面的需求，合理选用树种、草皮和花卉，营造出一个既美观又实用的城市道路绿化环境。

(3) 城市绿地景观绿化的方式。绿化的主要手段是种植植物。植被是与城市景观关系极为密切的构成因素，它包括乔木、灌木、藤木、花卉、草地及地被植物。植被可以对空间的各个面进行划分，植被可以划分平面上的空间，草地及地被植物是城市外部空间中最具意义的"铺地"背景材料；植被也可以进行垂直空间的划分，利用乔木高大的体形、粗壮的树干、变化的树冠对高度空间进行划分；灌木呈丛生状态，邻近地表，给人以亲切感，可以用来划分离地表近的矮空间；花卉具有花色艳丽、花香馥郁、姿态优美的特点，是景观环境中的"亮点"，具有连接空间形态的功能。铺装场地时应该注意树木根系的伸展范围，采用透气性铺装。植物的生长要求有相应的地理及气候条件，在不同的地理位置都有独特的适合在本地生长的植物，如北京的白皮松、重庆的黄葛树、福州的小叶榕树等。绿化时尽量选用当地的适宜树种。

第一，规划式的种植设计。景观种植规则式布局多为齐整、对称的，多用于具有景观轴线关系的用地及景观构筑物前。这种结构方式能营造庄重、华丽、肃穆的氛围。种植规则形式布局具体如下：

一是，主题种植。主题种植在景观设计中占据着至关重要的地位。它不仅仅是为了增添绿意，更是为了强化景观节点的存在感，让每一个节点都成为视觉的焦点。在主题种植的过程中，软质景观植物的精心选择与布局显得尤为重要。这些植物以其独特的形态吸引着人们的目光，其绿意盎然的叶片则给人以宜人的感受，而绚烂的花朵更是令人陶醉。这种植物造景的效果，旨在通过形态、色彩和氛围的营造，使人们在观赏中感受到自然的美好，从而加深对景观的印象。主题种植的设计与实施需要充分考虑植物的生态习性、生长特性以及景观的整体风格。在中心位置，通常会选择一些具有显著形态特征的植物，如高大的乔木或独特的灌木，以形成强烈的视觉冲击力。同时，这些植物还要与周围的景观元素相协调，共同构建出一个和谐统一的景观画面。

二是，对称种植。对称种植也是景观设计中一种常用的手法。这种种植方式以中轴线为基准，左右两侧的植物呈现出对称的布局，形成了一种平衡而和谐的美感。对称种植要求植物的树形整齐划一，美观健壮，以达到最佳的视觉效果。花、灌木和乔木的对称栽植，不仅形成了一定的空间围合，还使得景观的层次感更加丰富。

三是，线形种植。在线形种植方面，它强调的是一种连续性和节奏感。在景观的某一带状空间上，通过连续等距离地栽种同一形式的植株，可以营造出一种秩序井然、韵律感十足的视觉效果。这种种植方式既可以是单一植物的重复种植，也可以是多种植物的交替种植，通过重复与变化的结合，达到种植有序的效果。线形种植在行道树、绿篱或防护林带的种植中尤为常见，它们不仅美化了环境，还起到了引导视线、界定空间的作用。

四是，环状种植。环状种植则是一种更加灵活多变的种植方式。它围绕景观构筑物或空间的中心，将树木栽植成环形、椭圆形或方形等围合形式。这种种植方式可以有效地渲染景观空间，增强空间的层次感和立体感。在树种的选择上，也可以有所变化，不拘泥于一种植物，以丰富景观的视觉效果。环状种植多用于陪衬主景，作为辅助构景成分，在广场、雕塑、纪念碑或开敞的空间布局里经常用到，它们为主景提供了有力的背景支持，使得整个景观更加完整和协调。

第二，自然式的种植设计。孤植是单株树木栽植的配植方式。对植即两株树木在一定轴线关系下相对应的配植方式。列植是沿直线或曲线以等距离或按一定的变化规律而进行的植物种植方式。群植则由多株树木成丛、成群的配植方式。丛植、群植均须调整郁闭度，种植后1~2年就进入分株繁殖阶段，要求70%~80%的郁闭度；进入开花结实年龄，郁闭度可适当减少，以50%~60%为宜。

孤植树、树丛要选择观赏特征突出的树种，并确定其规格、分枝点高度、姿态等；与周围环境或树木之间应留有明显的空间；提出有特殊要求的养护管理方法。树群：群内各层应能显露出其特征。孤立树、树丛和树群至少有一处欣赏点，视距为观赏面宽度的1.5倍和高度的2倍；成片树林的观赏林缘线视距为林高的2倍以上。植物种类要选择当地适生种类；林下植物应具有耐阴性，其根系发展不得影响乔木根系的生长；垂直绿化的攀附植物依照墙体附着情况确定。绿化用地的栽植土壤、栽植土层厚度应符合规范数值，且无大面积不透水层；酸碱度适宜；物理性质符合国家规定；土壤的污染程度不能影响植物的正常生长；其栽植土壤不符合规定的需要进行土壤改良。

空间是通过点、线、面、体，各组成部分之间的分隔来体现的。每个空间有尺度，尺度又是通过点、线、面来体现的。现代立体构成研究的对象是一个综合形态，而形态所属的空间又是一个现实和抽象的概念，包括物理空间和心理空间，这种空间综合形态不仅创造了现实与虚幻的物态，还赋予了我们广阔的想象空间，这正是我们所要达到的一种高度统一与完美的境界。

植物的景观功能主要反映在空间、时间和地方性三个方面。由于植物占据一定的空间体积，具有三度造型能力，所以，植物具有围合、划分空间、丰富景观层次的功能。通过对不同植物的组合种植，与其他物质因素配合，形成虚实对比、大小对比、质感对比，可以产生不同的空间尺度和空间效果。从人类的身心健康和生态可持续发展的问题上看，绿地设计需要进行三个方面的工作，首先从社会学角度探讨绿地景观如何设计成为人与人之间关爱和理解的空间；其次根据不同的环境、人群景观的特征进行人性化的设计；最后尊重自然的设计。

第三，具体绿化的实施。

一是，城市居住区软质景观设计及广场植物的选配。植物配置的优劣对居住环境影响较大，因为软质景观是居住区中造景的重点，也是评价居住区环境质量水平的一个标志。居住区软质景观设计不仅有观赏的作用，还有实际的功能需求和生态意义。

植物不但能给生硬的生活居住环境提供柔和之美，而且能给环境带来无限的生机和活力。植物的大小和形状直接影响着空间范围、结构关系以及设计构思。大中型乔木能构成广场环境的标志性景观，当它处在较矮小的植物当中时，会成为被注目的对象。小乔木和观赏植物适合栽种在较小的空间或要求精细的场所。高灌木可以充当景观主要场景或者具有标志性的地段的屏障景物。

植物的外形在设计的构图和布局上，既要统一又要具有多样性。植物的基本外形有圆锥形、扇形、球形、宝塔形、纺锤形、水平延伸形以及其他特殊的艺术形态。树冠可以遮蔽太阳的光照，可以避暑。植物的大小和形状是植物各种特性中比较重要和明显的特征。在设计中应该先考虑大中乔木的位置，因为它们会对整体景观结构和外观形态产生很大的影响，因此须十分注意其与整体空间尺度的比例关系。较矮小的植物能在高大植物所形成的总体结构中，显示出它更具人性化的精细设计。总而言之，植物的大小、形状要适应环境空间的尺度，适当时可辅助进行人工修剪。

二是，城市软质景观设计中道路绿化植物的选配。在城市软质景观道路绿地景观设计时，道路绿化景观规划应确定景观路的绿化特色。景观路应配置观赏价值高、有地方特色的植物。主干路要体现城市道路绿化景观整体风貌。一条道路的绿化最好有统一的景观风格，不同路段的绿化形式可适当变化。同一路段上的各类绿带，在植物配置上相互配合的同时还要协调好空间层次的关系、树形相衬与色彩搭配的关系和四季变化的协调关系等。毗邻山、河、湖、海的道路，其绿化应结合自然环境，突出自然景观特色。

道路绿化树种和地被植物的选择要适应道路，要从生长坚固、耐观看和效益好的植物种类中进行选种。冬季寒冷的城市，道路绿化适宜种植乔木，大多选择落叶树种。行道树适合选择根深、冠大、健壮、枝点高、适应城市道路环境的树种，须注意的是，其落果容易对行人造成危害。花灌木适宜选择繁茂、花期长和便于梳理的树种。绿篱和观叶灌木植物适宜选择萌芽力强、茂密、耐修剪的树种。地被植物应选择根茎茂密、生命力旺盛、病虫危害小和容易打理的木本、草本观赏类的植物。草坪地被植物适宜选择萌芽力强、覆盖率高、耐修剪和绿色期长的种类。

软景观规划是综合确定、安排景观建设项目的性质、规模、发展方向、主要内容、基础设施、空间综合布局、建设分期和投资估算的活动。景观布局是确定该景观各种构成要素的位置和相互之间关系的活动。软景观设计要使景观的空间造型满足游人对其功能和审美的要求。种植设计是按植物生态习性和景观规划设计的要求，合理配置各种植物，以发挥它们的生态功能和观赏特性的设计活动。

三、城市设计的美学探究

城市设计的美学探究，是一场关于空间、色彩、光影与文化的深度对话。这不仅关乎视觉的享受，更关乎人类对于居住环境的情感寄托与心灵归属。当我们深入探究城市设计的美学时，我们实际上是在探寻一个城市如何通过其独特的形态、色彩与光影，传达出其深厚的文化内涵与历史底蕴。

第一，形态，是城市设计美学的基础。每一座建筑、每一条街道、每一个广场，都是形态美的载体。它们以独特的造型、布局和比例，共同构成了一个城市的整体形象。这种形态美不仅体现在建筑单体上，更体现在建筑与建筑之间、建筑与空间之间的和谐共生。同时，形态美还需要与城市的历史文脉和地域特色相融合，使城市空间在传承中发展，在发展中创新。

第二，色彩，作为城市设计中不可忽视的视觉要素，为城市注入了生动的活力。色彩的运用，不仅关乎建筑的美观，更关乎城市的整体氛围。合理的色彩搭配，可以使城市空间更加和谐、愉悦；而巧妙的色彩运用，则可以提升城市的品质与形象。在色彩的选择上，我们需要考虑到人们的心理感受与审美需求，以创造出更加人性化的城市空间。

第三，光影，作为城市设计中的重要元素，为城市空间增添了无尽的魅力。无论是日出日落的柔和光线，还是夜晚霓虹的璀璨夺目，光影都在为城市空间营造出不同的氛围与情感。通过巧妙运用光影效果，我们可以营造出神秘、浪漫、宁静等不同的空间氛围，增强城市空间的层次感和立体感。同时，光影还可以与城市的文化内涵相结合，通过灯光艺术等手段，展现出城市的历史与文化底蕴。

当然，城市设计的美学探究并不仅仅停留在视觉层面。我们还需要深入挖掘城市空间的文化内涵与社会意义。城市是人类文明的产物，每一个城市都有其独特的历史文脉和地域特色。通过将这些元素融入城市设计中，我们可以使城市空间成为传承和展示城市文化的重要载体。同时，我们还需要关注到城市空间的社会功能与价值，通过优化城市空间布局、提升公共空间品质等方式，促进城市社会的和谐与发展。

在城市设计的美学探究过程中，多学科的知识与方法为我们提供了有力的支撑。建筑学、城乡规划学、美学、心理学等学科的知识相互交融，共同构成了城市设计美学的理论框架。通过综合运用这些知识与方法，我们可以更加全面、深入地理解城市空间的美学内涵，从而创造出更加优美、宜居、富有内涵的城市环境。

此外，实践与创新也是城市设计美学探究不可或缺的部分。在实践中，我们需要将美学理念融入城市设计的全过程中，从规划、设计到实施等各个环节都注重美学效果的呈现。同时，我们还需要不断探索新的设计理念、技术手段和表现形式，以适应不断变化的时代需求与审美趋势。只有这样，我们才能创造出既符合人们审美需求又富有内涵的城市环境，为人们的生活带来更多的美好与幸福。

第二节 城市更新及其城市设计方法探究

一、城市建筑物更新及其城市设计方法

（一）城市建筑物更新的深远意义

城市建筑物作为城市面貌的直接体现，其更新与改造不仅关乎城市的物质形态，更深刻影响着城市的文化内涵、社会结构和经济发展。因此，城市建筑物更新的意义远超过表面的美观和整洁，它涉及多个层面和维度。

第一，塑造城市新形象，提升城市品质。城市建筑物更新是提升城市形象的重要手段。随着时代的变迁，许多老旧建筑已无法适应现代城市的发展需求，其外观破旧、功能落后，严重影响了城市的整体形象。通过更新这些老旧建筑，可以使其焕发新的生机与活力，为城市增添新的风景线。同时，建筑物更新还能够提升城市的品质，使城市更加宜居、宜业、宜游。

第二，改善居民生活环境，提升居住质量。建筑物更新直接关系到居民的生活质量。老旧建筑往往存在安全隐患、设施陈旧等问题，给居民的生活带来诸多不便。通过更新这些建筑，可以改善居民的居住条件，提升居住环境的舒适度。例如，增设电梯、改善供暖系统、增加绿化面积等，都能够让居民享受到更加便捷、舒适的生活。

第三，推动城市经济发展，增强城市活力。建筑物更新还能够促进城市经济的发展。一方面，更新项目本身能够带动建筑业、设计业等相关产业的

发展，为城市经济注入新的活力；另一方面，通过更新老旧建筑，可以吸引更多的投资和人才流入城市，推动城市的产业升级和创新发展。同时，建筑物更新还能够提升城市的商业氛围和消费环境，促进商业活动的繁荣。

（二）城市建筑物更新的多元方式

城市建筑物更新的方式多种多样，每种方式都有其适用的场景和优势。在实际操作中，应根据建筑物的具体情况和城市的发展需求选择合适的更新方式。

第一，综合整治：提升环境与设施水平。综合整治是一种较为常见的建筑物更新方式。它主要包括对建筑物外观的修缮、公共服务设施的完善以及社区服务设施的增设等。通过综合整治，可以显著提升城市的环境质量和居民的生活水平。例如，对老旧小区进行综合整治，可以改善小区的绿化环境、提升道路质量、增设健身设施等，让居民享受到更加宜居的生活环境。

第二，功能转换：赋予建筑新生命。功能转换是另一种具有创新性的建筑物更新方式。它通过对老旧建筑进行改造和再利用，赋予其新的功能用途。这种方式不仅能够保留建筑的历史风貌和文化价值，还能够满足城市发展的新需求。例如，将废弃的工厂改造成文化创意产业园或艺术展览馆，可以吸引更多的文化机构和艺术家入驻城市，推动城市的文化产业发展。

第三，拆除重建：满足城市发展新需求。拆除重建是一种较为彻底的建筑物更新方式。对于无法修缮或功能转换的建筑，可以选择进行拆除重建。这种方式虽然成本较高，但能够彻底改变城市的面貌和格局，满足城市发展的新需求。在拆除重建的过程中，应注重规划设计的科学性和前瞻性，确保新建建筑能够与城市整体风貌相协调，提升城市的整体形象。

（三）城市建筑物更新的设计方法

在城市更新的实践中，建筑物翻新、改造或重建成为常见的手段，这些工作针对不同类型的建筑，如住宅、商业和行政建筑，进行有针对性的处理。通过更新建筑物，能够显著提升其结构安全性，使其符合现代建筑标准，确保居民和使用者的生命财产安全。同时，更新工作还能优化建筑物的功能布局，使之更加适应现代生活的需求，提高空间利用效率。此外，美观度的提升也是更新工作的重要目标，通过现代设计手法和材料运用，赋予老旧建筑新的生命力，使之与周边环境相协调，共同构建宜人的城市景观。

在城市设计方法层面，建筑物更新应与城市整体规划相衔接，实现空间布局的优化与功能整合。具体而言，更新工作须考虑建筑物的地理位置、周边环境、交通状况等因素，通过合理的空间规划，实现人流、物流、信息流的顺畅流通。此外，建筑物更新还应注重与城市文化的融合，传承和发扬城市的历史文脉，形成具有地方特色的城市风貌。

二、城市景观更新及其城市设计方法

（一）城市景观更新的深远意义

1. 物质形式更新

"城市景观更新中的物质形式的更新，本身并不意味着巨大的破坏"[①]。更新的着眼点是以一种新的语法逻辑来组织原有景观要素，而不是改变要素本身。只是每一个景观要素作为整体结构中的组分，相互之间的关系正是维系整体结构的基础，关系一旦改变，城市景观也就不再是原来的景观，城市景观也就实现了自我转换中的更新。

城市景观在自我转换中的更新，指的是在原有景观要素的基础上，用新的语法逻辑来组构原有的景观要素，这就是哲学理论中描述的"解体重构"。例如，米勒在《作为寄主的批评家》一文中对"解体重构"进行过描绘，他写道：解体重构意味着把统一的东西重新变成分散的碎片或部分，其形象就像一个小孩子玩耍父亲的手表，把它拆成一堆零件，却根本无法把它重新修复。城市景观的解体并不仅是如表象般的解体，而是功能与意义的消失。从整体到碎片，作为"钟"的功能与意义已经消失了。城市的发展也极具相似性，如果我们不顾城市发展的自身规律，放纵手中的权力与欲望，迷信自己手中掌握的"真理"，那么我们的环境必然遭到破坏性的解体，城市是这样，自然生态环境也是这样。

---

① 陈烨. 城市景观环境更新的理论与方法 [M]. 南京：东南大学出版社，2013：194.

2. 观念形态更新

城市景观的更新不同于科学研究，一方面确实需要理解事物存在的本质，并运用理性思维去分析研究进而形成潜在的意识结构基础；另一方面，需要在固定的思维惯性和定势的桎梏下，解放思维，去寻找延续历史发展的可能性。不同的理念产生了不同的文化观念和思维定势，存在着不同的赋予事物以秩序的方式。因此，我们没有理由认为理性的秩序是绝对的，当我们以惯常的方式踏着理性的步伐通过整体更新得到新的秩序时，我们还可能发现其他途径。

3. 景观更新的意义

城市景观是艺术，观赏城市景观的愉悦来自真实的生活。真实的生活是复杂而多样的。城市景观背后的社会共有意义积淀，使得城市景观成为文化的表征。然而，由于文化交流中的冲突与融合以及文化的自身发展，这种象征意义始终处在不断变化之中。因此，城市景观的体系设计旨在满足人类活动需求，反映人类生活的真实意义，同时适应文化多元化的发展趋势。这意味着城市景观的更新不仅是为了满足审美需求，更是为了保持其作为文化表征的稳定性和时代性。

城市景观的更新，目的在于发现历史的断裂点，寻找城市景观需要弥合的新平衡点，这是我们契合历史的发展轨迹，在不稳定中寻求稳定、寻求发展的根本。例如，传统城市的商业点是依靠步行的交通体系，内向性布局是交通方式带来的可能性。如今灵活的交通方式、全新的经济模式、货物运输和存储的便利性，导致了商业行为的逆城市性，商业空间向外扩散。而目前继购物中心之后出现的购物公园正是针对这种历史性的断裂而出现的新的平衡，在购物公园中，既有传统的街道商业空间，又满足了当代交通便利的要求。

城市景观更新的意义就是城市历史显现的意义，在更新中体现历史的延续性和非延续性之间的平衡。在传统与现代之间延续与断裂并存，现代社会给予了人类无数享受生活的机会，也带来了无尽的问题与烦恼。同样的，现代建筑、景观与规划理论改变了世界的面貌，将城市的发展带入了全新的方向,也遇到了前所未有的问题。

(二)城市景观更新的具体建构

1. 建构与更新

建构与更新是城市景观演变的同一过程的两个方面,建构是相对静态的概念,强调的是结果;更新是相对动态的概念,强调的是过程。因为需要而建设城市,因为追求而建设具有鲜明特色的城市空间形态,这就是城市景观,城市景观需要精心建构,对城市景观的追求与艺术表现是城市建设的使命。朱光潜曾指出要将"艺术看作人改造自然也改造自己的这种生产实践活动中的一个必然的组成部分"①。总之,对艺术的追求从城市的产生开始,就一直存在于城市建设的各种实践当中。城市建设反映的是生活的实质,获得的是生活的经验,而城市景观的建设,或者说创造则是为了创造精彩的城市文本。如果城市仅仅是对生活内容的直接反映,那我们对城市将失去感觉,如果城市的形象仅仅是一种无意义的形式,那城市将失去存在的基础。因此,分析城市景观的构成,研究城市景观建构与更新是非常有意义的。

从城市景观的尺度上看,城市景观对象所表现的内容总是有所选择的,住区环境与住宅建筑表现的是居住,公共建筑与公共环境表现的是公共生活,纪念性建筑与场所则表现了永恒的意义。从这个角度看,局部的景观表现具有单一性,也正因为如此,整体的城市景观体系才具有了聚合的价值和根本出发点。景观的更新产生了城市文本的精彩片段并可能成为长久的存在,从这个意义来说,更新与建构的目的正是建构一个积极的片段或成为永恒。

2. 建构的基础

建构的基础也是更新的基础,就是保持社会生活带来的活力。在特定的历史阶段总会有不同的建筑类型产生,以及建筑规模的变化,这是人类生活发展的必然结果。而不同类型的建筑,也必然导致不同类型的城市空间组合。从这个角度来看,由于自然生长的城市建立在生活方式演变的基础上,

---

① 朱光潜. 朱光潜美学文集·第三卷[M]. 上海:上海文艺出版社,1983:306.

因此，有其自身存在的合理性。这样产生的城市景观是由深层面的意义积淀向表层面的物质形态转化而带来的合理性。

社会生活带来的活力，既作为城市景观建构的基础，也能作为城市景观更新的动力。城市景观的结构体系形成并不意味着一定能够保持持续的发展状态。在人的感知角度，可能由于个体或社会的科学认知水平、活动的参与程度、时间的跨度等而导致对城市景观对象的感知产生停顿；从建构的角度，会由于城市生活、政治与文化需求等原因导致城市景观的自我调整与转换。

城市景观不是独立于主体创造性之外的内容，而是需要主体积极参与创造的过程。并且城市景观的产生，就好像文学作品如何成为文化精品，需要从结构与内涵上去深入探讨，须要融入基于生活的美学经验。如果把城市景观比作语言学中的文本概念，那么人的行为相当于对文本的解读。不同的人群的解读行为是不一样的，城市市民的生活是对城市景观的解读与塑造，专家阶层是解读与评价，旅游者行为是解读与体验。

城市景观有静态、封闭、共时性的一面，也有动态、开放和历时性的一面，两者是辩证统一的。主体与客体的交流起到了决定性作用。城市景观的意义存在于包括内容、环境、时间以及塑造手段等在内的整个交流行为之中，城市景观创造的语言如果不考虑相关的"语境"，就可能失去意义。

3. 建构的层面

在建构维度上，若将整个城市视作一部宏大的文本，那么城市的每一处局部景观便是这部文本中独特而精彩的篇章，它们共同构成了城市景观的整体框架，各自扮演着子结构的角色。这些子结构所经历的演变与建构过程，实质上推动了城市景观整体的更新与进化。如前文所阐述，城市景观的更新与建构是同一过程的两个方面，二者紧密相连，不可分割。

在城市建设实践中，子结构会经历一系列转变，可能从一种类型逐渐过渡到另一种类型，这种转变不仅优化了整体结构体系，而且强化了整体优于局部的理念。这一过程既可能历时漫长，逐步演进，也可能在短时间内同步完成，呈现出共时性的特点。无论是历时性还是共时性，这种转变都是城市景观建构中不可或缺的重要环节。例如，在意大利卢卡的椭圆形广场中，同一时期的建筑物排列围合成椭圆形的广场空间与建筑构成了一个拓扑结构，这个由拓扑结构形成的连续的界面由于具有强烈的向心倾向，因而进一步可以看作是一个秩序结构，这样一个依靠连续的拓扑界面形成的向心秩序完成了一个整体优于局部的建构过程。

4. 建构的跨度

单个的实体或空间构成的城市景观对象，就仿佛一个优秀文本中好的句子或段落，完整的优秀文本需要不断丰富、不断联系以及不断积累完善的城市景观结构体系。城市中的建筑或城市公共空间，构成了基本的景观单元，这种小尺度的单元过渡到大范围的城市形态与肌理构成大尺度单元，其间包含了建筑群、街区、城市分区与城市整体的多层次结构，也涉及多个专业背景下的技术问题。

城市景观的多层面内涵，使得景观成为转换与整合城市尺度的重要媒介。在物质层面，城市景观具有整合城市肌理与空间层次的能力，与城市形态的更新具有关联性；在生态层面，城市景观可以在不同尺度的区域范围内融入生物因素，进而具有与设计相关联的环境生态进程控制能力；在社会共有的意义层面，城市景观具有维持与控制、承继与发展等多重作用。

城市景观的建构需要强有力的连接来保持整体的稳定性。而连接就带来了建构的跨度，也就是城市文本的衔接能力。社会结构秩序是城市形态内蕴的最基础的连接体系。

强有力的连接实现了小尺度城市景观到大尺度城市景观的过渡。在城市规模较小，社会发展早期，这种跨度与景观秩序之间的衔接会显得清晰可辨。而当城市规模日益庞大、社会生活日趋复杂时，城市景观也呈现出多个城市景观结构体系组成的网状结构，如在法国巴黎，从卢浮宫、凯旋门到德芳斯新区的轴线景观序列，以及以星形广场为核心的放射状景观序列等，与被作为脊柱的塞纳河连接在一起，构成了巴黎整体景观体系。部分和整体都奏出了辉煌的篇章，巴黎也因此被称作欧洲最美的城市。

(三) 城市景观更新的设计方法

1. 街区更新方法

(1) 街区中的场所结构。街区又称街坊、街块，是最小的城市设计单位。在相关规划领域，分区规划及控制性详细规划的最小单元就是街区。以街区为尺度定义土地类型，从而限制了该地块的建筑类型和社会活动组织的可能性，这一点从城市的大尺度看，就具有了结构体系的意义。规划领域的传统街区、历史街区都是针对街区的特殊定义。

城市更新过程中的控制范围也常以街区为单元，无论是全新开发还是保护更新，其中蕴蓄着新旧生活组织的需求，城市更新也因此成为新旧生活交融和更新的起点与契机。城市街区，是城市形态定义的最小单元，但却是中小尺度下研究城市景观的起点。现状的街区形态是长期发展的结果，其中保持着历史的连续性，包含着社会生活的组织，更新的过程就是形式的秩序与指向的不同对待过程。在更新过程中，将街区的物质形态与社会生活组织相关联，就将结构上的关联意义呈现出来。保护更新中保护的是形式秩序与指向的统一，全新开发则需要满足形式秩序与指向的定义与塑造。

一个街区的整体形象和风貌表面是由一栋建筑或者建筑群呈现出来的，但在底层逻辑上却是通过街区内房屋之间的隐性关系构建而成的。在街区的更新中，只有这种隐性的关系恒定，才能在建筑及建筑群发生变化的同时持续其特有的场所精神。房屋与房屋、房屋与街道、街道与街区三个层面形成了一个街区的物质形态部分，其中容纳社会活动的城市空间就是场所的雏形。

不同文化背景下的传统城市街区的肌理特征有着很大的区别。欧洲城市的街区从传统城镇演化而来，向心的形态呈现的是城市生活整体统一的秩序性；美国城市的肌理大多从丈量土地的格网发展而来，这样的城市肌理带来了街区生活的开放性，也由此使得美国城市具有空间感，但缺少场所感，因为场所感来自人们城市生活的集聚点。

中国城市在遭遇全球化冲击之时，城市空间和建筑形态也开始趋同于国际风格，不仅仅是深圳这样的新兴城市，而是无论大城市还是小城市，大部分高速发展的城市都不同程度地失去了原有的城市特质，处处可见的是相似的、模式化的城市空间。全球化在不断地消解地域特质，城市均质化的趋势愈演愈烈。城市需要个性空间来均衡城市的全球化特征。

城市景观的概念与思想的基础就是试图在挖掘社会共有意义的基础上，塑造属于城市的个性空间。将城市空间形态个性化的过程，也就是景观化的过程。城市中的场所本就是组织起来的意义世界，城市空间的景观化过程就是在挖掘场所的文化积淀、历史特性的同时，与独特的自然景观结合起来的过程。全球化是时代的产物，我们须要通过景观化的手段打破城市的均质化，丰富城市的个性特色，促使城市文化的再生，更新与城市空间的可持续发展，创造具有地域特色的新型场所。

街区中的场所结构与尺度息息相关。街区的尺度带来了出入口的数量、建筑体积与数量、街区内建筑多样度的不同。波茨坦广场的尺度变更是整个现代城市规划的缩影，现代城市的尺度变化使得我们再也回不到戈登·卡伦生活的中世纪空间，但这种空间尺度带来的愉悦体验还能作为一个景观元素而存在，一般出现在老城区，或者已经成为市郊的古镇。时代的更新，带来了尺度的更新，集成高技术的现代经济模式替代了小规模的产业模式，给城市景观带来根本性的变化，体量更高更大与人性化空间的缺失、阳光和天空的减少与户外运动的需求，街巷的自由散步变为集中的步行街，人们在城市中自由活动的区域和方式都有很大的约束，直接导致了城市活力的减少。

城市活力的来源在于社会活动的合理组织，以及公众行为的表述性。公众行为的表述性意义在于其能够呈现社会共有意义的积淀结果。如同波茨坦广场一样，城市更新在于整合城市肌理，而整合城市肌理在于空间与社会活动的一致性，只有这样，公众行为的表述性才能与社会共有意义同时呈现。基于这两者而产生的公众可驻留空间才具有场所意义，场所也才具有城市空间中的结构属性。街区中的场所结构的本质在于塑造具有个性的城市空间，同时也就具有了城市景观的内涵。

（2）场所的主题性更新。城市场所的更新，除了早期的保护性更新外，日益表现出主题性的倾向，这种主题性，表现为在场所塑造中对特色的强调。这种倾向是通过在特定地域文化背景下对人们生活需求的研究，探索与城市休闲文化生活相结合的场所更新方式。这一过程满足了城市景观构建的三大原则，即保持历史的连续性、满足形式秩序与指向的统一、合理的社会生活组织。

场所的主题性更新，旨在为人的心理活动、精神生活需求提供一个情感倾诉、文化体验的场所，通常依托城市中具有一定地域特征的街区或地段，或根据城市历史、文化、地貌特征等本土资源重塑场所的地域性，从而因其地域性的特征成为城市景观的重要组成部分。如我国近几年出现的文化休闲街区、艺术文学创意产业园等，这些蕴含新时代城市功能的场所将眼光放在了城市传统风貌区与具有地域特色的地段，利用城市独特的历史文化底蕴和城市独具特色的地理特征，在历史场所中植入时代元素，完成历史的连续性构建，形成历史与现代、人与自然的对话场所。

场所的主题性能够界定特定的场所氛围，营造场所的本质特色，从而激发人们在场所中更多的活动可能性。场所凝聚着城市的人文历史沉淀，并将其渗透到城市更新中，利用城市地理景观、人文历史塑造场所的空间氛围，增强场所的吸引力，提升市民的生活品质，赋予场所更高的功能性，并将场所的功能性延伸到体验性。体验性设计是将单体创造、城市设计和景观设计融于一体，全面创造出一个具有磁力的人性化空间，使人不再是纯粹的使用者，更是空间的主角。体验式设计从视觉体验到空间体验、从视线的精心组织到空间流线的完美布置，给人留下了难忘的体验和深刻的印象。体验性场所使人们心中产生对城市文化、城市环境的体验关联，实现人与自然、人与建筑、人与人的密切对话。

场所的主题可分为物质性主题与精神性主题，加上体验类的活动模式，与城市景观建构的三个层面相对应。物质性主题通过建筑风格、环境塑造等手法将城市多方面的特征表现出来。通常场所的主题性更新具有三大倾向：历史主题、产业主题和自然主题。

第一，历史主题。历史主题不同于传统的历史街区的保护，而是立足更新基础上对历史建筑及其环境的再利用过程。以历史风格建筑及其氛围为主题，旨在再现城市人文生活的历史风情，挖掘并延续该场所的社会共有意义。通过保留、修缮、重建旧建筑或新建具有地域历史风格的建筑群来再现传统生活氛围，将具有价值的历史底蕴完整地展现到现代城市中，使得人们可以直接地感受、体验到城市历史、社会风情的浓厚。传统风貌区的保护性更新、一般城市老街的更新等都属于该类，如上海田子坊、济南芙蓉街、高淳老街等；还有城市中复建的具有历史风格的新建筑群落，如南京秦淮河夫子庙区、南京1912休闲街区等。

第二，产业主题。产业主题是在历史主题的基础上，突出产业类型的特例，旨在传承城市历史产业的无形资产，并注入新的产业文化与之相互融合，体现城市历史产业的革新精神。面向的主要是已经面临淘汰或搬迁的中国近代工业厂区，经过改造更新将废弃的工厂、仓库等变废为宝，重新利用，注入时代精神，挖掘与现代城市生活发生交集的内容与内涵。例如，北京的798艺术区、上海的八号桥、上海莫干路50号等，在功能定位上都是延续传统产业特征，将艺术、工艺等创意产业置入场所中。

第三，自然主题。自然主题系以城市原始自然环境为蓝本，通过隐性关联城市自然风貌与特定场所，展现独特的地域特征。该主题将城市的自然元素通过景观设计、抽象符号等手法融入主题性场所的外部空间或建筑立面设计中，为现代建筑注入地域性文化符号。对于缺乏深厚历史资源或历史积淀不足的城市区域，此类主题性场所将成为塑造城市特色的关键手段之一。例如，济南的泉乐坊与重庆的洪崖洞等，皆为典型的自然主题应用案例。

（3）主题性更新方法。基于原场所结构体系的特色研究，场所的主题性更新具有三种生成模式：主题延续、主题叠加和主题建构。分别对应的是城市景观结构的自我转换、适应性调整和秩序建构三种更新状态。

第一，主题延续。主题延续是指基于原场所的社会共有意义积淀的基础上，适当整合场所的空间界面，让空间介质及相关功能适合现在的活动模式要求。场所主题因此而具有历史连续性，体现场所精神的历时性特征。该类主题生成模式要求原主题具有延续价值，主要对应于以传统风貌建筑群为载体的历史主题倾向，使场所得以继续展示历史文化的璀璨魅力。

第二，主题叠加。主题叠加是指将两个或两个以上的主题倾向进行叠加，往往是在挖掘原有场所特色的基础上，融入新的特色主题。该类主题生成模式反映的是主题的多元复合状态，后续的主题是在结合时代发展的基础上保持其可持续性。主题叠加适合已失去部分存在价值的建筑群体，其中的旧元素需要与新元素叠加结合，从而产生新的场所价值。

第三，主题建构。主题建构是在原有主题不明晰、特征不明显或底蕴不够厚重的情况下，借助更新的契机，将原有主题进行适应性调整并重塑，使场所主题在更新的基础上融入新的内容，从而建构出以新主题为主、具有可持续发展的特征的场所结构。

2. 建筑更新方法

（1）基于地域形态的建筑更新。"地域"一词通常指某特定地理范围内人文与自然要素形成的综合体。地域形态，来自对特定地域的地理特征及文化特征的传承背景下构成的表象特征，包括地形地貌、建筑风格、建材及其营造技术以及特色人文活动等。

从城市风貌的视角出发，地域形态扮演着潜在的、隐形的调控角色，它界定了城市的广阔范围并体现了城市特色的结构性要求。在建筑更新的过程中，对于地域特色的特殊表现，不仅维系了历史的脉络，更使得建筑对象承载社会的共同价值观成为可能。作为塑造城市物质风貌的关键组成部分，基于地域形态的建筑更新，实质上实现了形式秩序与导向的和谐统一。这也正是我们探讨建筑地域性，进而形成地域主义思想的初衷和根本所在。

"地域"是一定范围的区域，具有空间和时间的维度。这个范围可大可小，随着范围大小的变化，建筑的特征与共性也在不断变化。不同时期的人们对此认识有所差异，如20世纪初中国第一次民族运动时期，建筑师们的"地域"观是一个国家、一个民族，建筑的共同特征局限于"大屋顶"；而到了20世纪60年代第二次民族运动后期，建筑师们的"地区"观逐渐转变为一个流域，如江南建筑的粉墙黛瓦；20世纪末，建筑师们的"地域"范围甚至缩小到一个城市、一组建筑，建筑的深层文化背景及影响因素成为建筑师们的关注对象。

我国在20世纪70年代末80年代初，正处于"文革"结束和国民经济调整时期，政治因素对建筑创作的影响逐渐弱化。"'文革'对于古建筑的破坏，使得社会对古建筑或传统建筑形式有很大的包容性，在建筑中重新启用传统建筑形式来解决千篇一律的问题顺理成章"①。受国际建筑思潮及自身民族性的影响，传统文化很快受到重视。国内一大部分追求地域风格的建筑在设计上采用了程式化、形式化的传统建筑形式。如整修重建于1982年的北京琉璃厂文化街，建成于1986年的天津古文化街，南京夫子庙东、西市；等等。

（2）基于空间形态的建筑更新。在建筑更新的语境下，空间形态扮演着至关重要的角色。城市景观的空间形态，实则是通过人工与自然的物质形态、特定场所下的活动模式以及社会共有的意义积淀这三个维度的交织与融合，共同塑造并展现出的独特空间特征。这种空间形态的形成，源自城市背景下对特定场所的多重界定与可行性探索。对于建筑更新而言，空间形态既是其发展的制约因素，也是其不可或缺的组成部分。

从城市景观的视角审视，空间形态的维护对于保障建筑对象的历史连续性以及特定社会共有意义的传承性具有关键作用。这实质上满足了形式秩序与指向性的统一，确保了建筑更新在保持传统脉络的同时，能够与现代城市景观和谐共存。在物质形态层面，建筑类型往往基于城市的土地规划结构而衍生。建筑在城市背景下，作为一种类型元素存在，与周边道路空间共同构建出路径与行为的双重结构关系。不同历史时期的建筑以及不同类型的建筑，共同构成了城市景观的多元斑块。这些斑块之间的关系既涉及历史的连续性问题，也在物质形态上产生紧密关联，包括体量、高度、方向、材质、肌理、联结等要素。因此，城市建筑在结构和斑块两个不同层面均对城市景观产生了深远影响。结构层面提示了景观的整体性要求，而斑块层面则体现了结构类型的选择策略。无论是拓扑结构还是均质结构，最终都应导向整体的秩序结构模式，以实现城市景观的和谐统一与持续发展。

---

① 邹德侬. 中国现代建筑史［M］. 北京：机械工业出版社，2003：104.

3.景观更新方法

（1）基于历史因素的景观变迁。以结构的观点研究城市景观更新中的历史问题，需要研究每一次的景观更新中变与不变的因素，以及不断积淀下来的深层内涵，进而可以判断历时性变化中的城市景观持久性来源。在这一过程中，我们必然会面对来自各方面的复杂因素。从发展角度看，我们今天生活中对城市建设所做的一切，也必将成为历史。因此，把握景观更新背后的内在规律，可以在每一次更新过程中留下更多积极性因素，从而不断丰富和完善城市景观结构体系，不断提高该体系的稳定性，这是持久性景观产生的根源。

站在城市发展进程的角度来看，持久的城市景观结构体系是城市发展的基础，是人类生存状态的直接反映。城市景观结构自身的变化规律也客观地反映了社会结构每一次的变化所产生的影响。自然景观的持久性是天然的，人文景观的持久性来自文化背景，城市景观结构体系的整体性不但具有明显的形式化特征，而且还整合城市文化的多元性，渗透到了城市生活的每一个方面。城市景观并不是对真实生活的直接反映，它需要我们去创造，去寻找反映我们生存意义的城市形态，而不仅是反映我们的生存状态。这种创造是本能的，是与生俱来的，就好像生存和意义从来都是同步的。而城市如何拥有城市景观，就好像文学作品如何成为艺术，需要从体系上去深入探讨。

城市景观揭示了历史在城市建设中扮演的角色。保护历史，不仅是保护历史区域，还在于保护历史的连续性，让今天作为未来的历史在景观塑造中扮演重要的角色，完善景观形态中合理的历史梯度。让历史结合时代，确实不是一件容易的事情，但也是城市建设难度的体现。尊重过去，是一种谦虚的态度，而非常态的高速发展，极易造成历史的断裂。

（2）基于文化因素的景观更新。历史是客观事物的发展过程，文化是其中的一种历史现象，文化可以看作发展过程中主体显现的一种特征。文化因素对于城市景观的影响，最终体现在城市发展过程中的主体的观念、决策与行为。

城市在发展中形成了特有的文化底蕴，这种底蕴的积淀来自历史地理、风土人情、生活方式、思维方式、价值观念等,但文化的载体却表现在城市物质形态之中。人们的思维方式和价值观念,主导了物质形态的形成、发展甚至消失。一座优秀的城市,应当保持这样的文化载体,丰富并不断地完善,从而在各个不同的尺度上成为城市景观建构的物质基础,最终达到形成持久性城市景观结构体系的目的。

(3)基于生态因素的景观更新。城市是个生态系统,受自然地理条件限制并构成了城市发展格局,也在漫长的历史发展阶段影响着城市的经济、军事、文化等诸多方面,成为城市景观结构体系中的结构性脉络。从城市起源角度看,人们逐水而居,集聚人群而构建城市。水环境也因此成为城市生态中的重要因素,保护水资源的生态环境意义重大。每个城市都有自己的母亲河,都有自身景观特色和历史积淀,这里仅选取两个中外实例,以解析水生态环境与城市景观形成之间的关系。

第三节 基于文化遗产保护的城市设计方法

"文化遗产是一个国家和民族的宝贵财富,代表着历史、文化和社会的延续"[①]。然而,随着城市化的快速发展和现代化的推进,许多城市面临着文化遗产保护的挑战。在保护文化遗产方面,城市设计发挥着重要作用。城市景观设计不仅要考虑城市的美观和功能,还需要尊重和保护文化遗产的独特价值。因此,以下旨在探讨基于文化遗产保护的城市景观设计策略,以提供倡导可持续发展的城市景观设计方案。

一、城市设计与文化遗产保护

(一)文化遗产保护的重要意义

文化遗产保护对于一个国家、一个民族或一个地区而言,具有无法估量

---

① 罗雪,凌欣辰. 基于文化遗产保护的城市景观设计策略研究[J]. 美与时代(城市版),2023(9):95.

的重要性和深远的意义。这些珍贵的遗产不仅见证了人类历史和文化的发展，更体现了文化的传统性、价值性和技艺性。它们如同一座座历史的灯塔，照亮了我们前行的道路，让我们能够更好地了解和研究人类和社会的历史。

第一，文化遗产是历史的见证和文化的载体。它们以各种形式存在，如建筑、艺术品、手工艺品、传统习俗等，都反映了不同时代、不同地域、不同民族的文化特色。这些遗产是人类智慧的结晶，是文化的瑰宝，它们的存在使我们能够更深入地了解历史，更全面地认识文化，从而更好地传承和发扬。

第二，文化遗产是社会认同和价值认同的重要基础。文化遗产承载着一个民族、一个地区的共同记忆和历史文化，是民众身份认同和文化自信的重要来源。保护和传承文化遗产，有助于增强民众的自豪感和归属感，促进社会和谐稳定。

第三，文化遗产还能促进不同文化之间的交流与理解。在全球化的今天，文化交流与融合已成为不可逆转的趋势。保护和传承文化遗产，有助于我们更好地理解和欣赏其他文化，加深不同文化之间的联系和互动，推动文化的多样性和包容性。

第四，文化遗产也是旅游产业发展所需的重要资源。这些充满历史和文化底蕴的遗产吸引了无数游客前来观光旅游，为当地经济发展注入了强大的动力。通过合理保护和开发文化遗产，不仅可以促进旅游产业的繁荣，还能带动相关产业的发展，推动经济持续健康发展。

（二）城市设计与文化遗产保护的关系

城市设计与文化遗产保护之间存在着紧密的联系，二者相互依存，共同促进。城市设计通过塑造城市环境的形式与功能，为公众提供美学上的享受与舒适的体验。在此过程中，将文化遗产保护的理念与原则融入城市设计之中，可以实现对历史遗迹与传统文化的有效保护与传承。这不仅能够提升文化遗产的价值与可持续性，还能在保护的同时，赋予其新的生命力与活力。通过合理的规划、改造、传承与再利用，历史遗迹与传统文化能够被巧妙地融入现代城市景观环境之中，与其相得益彰。这种方式既能够展现文化遗产的独特魅力，又能够满足当代社会的发展需求，实现传统与现代的和谐共存。

城市设计可以采用创新的布局、景观元素以及艺术装置等手法，深入挖掘并呈现文化遗产的丰富内涵。通过将文化遗产相关的历史故事和传统文化特征以恰当的方式传达给公众，不仅能够丰富城市景观的多样性，还能提升公众对文化遗产的认知与理解水平。

此外，城市设计还有助于促进公众参与文化遗产保护的过程，提高公众对文化遗产的关注度，并增强其保护意识。通过景观设计与文化活动的有机结合，可以激发公众积极参与文化遗产保护行动的热情，共同塑造具有独特文化魅力与记忆的城市景观。

二、基于文化遗产保护的城市景观设计策略

（一）城市景观设计策略——实现可持续发展

1. 实现节能减排

在致力于文化遗产保护的城市景观设计实践中，节能减排策略的实施具有不可或缺的重要性。文化遗产，包括古老的建筑、历史遗址以及富含传统元素的景观，作为能源密集型资源，其保护与维护工作亟须通过节能减排措施来加以推进。

提高建筑的能源使用效率，无疑是节能减排策略中的关键环节。针对文化遗产保护区内的古建筑，可以引入节能材料，如高效的保温材料和隔热材料，进行修缮和改造，以此降低能源消耗。同时，可以考虑在建筑物屋顶安装太阳能光伏板，将太阳能转换为电能，供给建筑内部用电设备使用，这不仅有助于减少对传统能源的依赖，还能有效减少碳排放，实现环保与能源节约的双重目标。此外，在文化遗产保护过程中，降低交通对保护区的负面影响同样至关重要。为此，改善公共交通系统成为一项至关重要的措施。通过提供便捷、高效的公共交通服务，我们可以吸引更多的游客和居民选择公共交通工具，减少对私人汽车的使用，从而降低尾气排放对文化遗产的污染和

破坏。例如，建设便捷的地铁、轻轨和公交线路等，为公众提供多样化的出行选择，以此鼓励他们选择更为环保的出行方式。另外，限制机动车辆进入文化遗产保护区也是减少交通影响的重要手段。通过实施交通管制措施，如限制进入区域的车辆数量、规定进入的时间段等，可以有效缓解交通拥堵和减少噪声污染。这不仅有助于提升保护区的环境质量，还能为游客和参观者提供更优质的游览体验。

2. 有效管理水资源

在基于文化遗产保护的城市景观设计中，管理水资源是至关重要的。古老的水池、水渠和水井等水体景观既属于文化遗产，又是城市生态系统的重要组成部分。建立水体保护区是管理水资源的重要策略之一。通过划定水体保护区的范围和边界，可以限制人类活动，减少对水体的干扰和破坏。在保护区内，可以执行相应的管理规定，如限制污染物排放、禁止非法捕捞等，以保护水生态系统的完整性。

此外，限制污染物排放是管理水资源的关键措施之一。在文化遗产保护区周边，需要采取措施减少污染物的排放，加强污水处理设施的建设和运营，推广使用低污染的生产工艺和技术，加强环境监测和执法。

3. 保护生物的多样性

在城市化进程不断加速的今天，如何在城市景观设计中融入文化遗产保护，同时实现生物多样性的保护，已成为一个亟待解决的问题。生物多样性作为地球生命的基石，不仅关系到生态系统的平衡，更是人类文化遗产的重要组成部分。因此，在城市景观设计中，保护生物多样性应成为一项重要的策略。

（1）保护和恢复自然生态系统。自然生态系统是生物多样性的基础，而城市化的过程中往往伴随着对自然生态系统的破坏。因此，在城市景观设计中，应优先考虑保护和修复湿地、森林、草地等自然生态系统。通过恢复这些生态系统的功能和结构，为周边生物提供适宜的栖息地和生存资源，从而促进物种的繁衍和迁徙。同时，这种保护方式也符合文化遗产保护的理念，因为自然生态系统本身就是人类文化的一部分。

(2)控制入侵物种。入侵物种是指那些通过人类活动被引入到一个新的生态环境中,并对当地生态系统造成威胁的物种。入侵物种会破坏原生物种的生存环境,因此,在城市景观设计中,应采取有效措施控制入侵物种的扩散和繁殖。例如,可以建立严格的物种引入审批制度,加强对入侵物种的监测和防控,以及推广生物防治等环保技术。

(3)减少人类活动对生物多样性的破坏。人类活动是导致生物多样性降低的主要原因之一。在城市景观设计中,应尽量减少对生物多样性的影响。例如,可以限制采矿等破坏性活动,控制土地开发的规模和强度,以及减少污染,等等。同时,也可以采取生态补偿等措施,以减轻人类活动对生态系统的影响。

保护生物多样性不仅是城市景观设计的重要策略,也是实现城市可持续发展的重要途径。通过保护和恢复自然生态系统、控制入侵物种、减少人类活动对生物多样性的影响等措施,我们可以在城市景观设计中实现文化遗产保护与生态和谐的统一。这不仅有助于维护地球生命的多样性,也为人类创造了一个更加宜居、美好的生活环境。

为了实现这一目标,我们需要在城市景观设计中引入更多的生态理念和技术手段。例如,可以采用生态城市设计的方法,通过绿色基础设施的建设、生态廊道的规划等手段,为城市中的生物提供更多的生存空间。同时,也可以利用现代科技手段,如遥感技术、地理信息系统等,对生物多样性进行监测和评估,为城市景观设计的决策提供科学依据。

(二)城市景观设计策略——加强历史保护

1. 保护和修复历史建筑与文化景观

保护和修复历史建筑与文化景观是城市景观设计中的重要内容。对于历史建筑,应进行详细的调查和评估,充分了解其历史价值、结构状况和修复需求。根据调查和评估情况,采取修复、重建或加固等手段,保持建筑原有的风貌和特色。对于文化景观,应遵循城市公园、花园和街道的保护性设计理念和布局,并进行必要的修复和保养工作,使其重新展现历史文化风采。

在保护和修复历史建筑与文化景观的过程中,需要使用专业的景观设计方法，包括使用符合特定历史时期和建筑风格的材料和技术，以保持历史建筑和文化景观的吻合性、真实性和可信度。同时，要注重与城市当代功能相互协调，使历史建筑和文化景观能够适应民众生活和环境发展的需求。

2. 对历史文化特征的尊重

在城市景观设计的过程中，对历史文化特征的尊重，实则是对文化遗产保护的深刻体现。这一尊重体现在建筑、景观和公共空间的各个层面，通过巧妙融入历史文化元素，凸显其独特的文化意蕴。对于历史建筑的维护，应致力于保留其原始的形式和细节，以确保其时代特色与建筑风格得以延续。而在公共空间的设计上，则应当借鉴社区的历史布局与尺度，维护街道、广场与建筑之间的连贯性和和谐性，以此彰显其时代烙印与环境氛围。

在实施文化遗产保护的原则时，我们必须全面考虑保护、修复、传承与可持续性等多个维度。这既要求我们保持文化遗产的独特性与真实性，又要满足现代社会的实际需求，同时契合可持续发展的长远目标。此外，尊重历史文化特征还意味着需要加强与当地社区居民的沟通与协作，倾听他们对文化遗产保护和城市景观设计的见解与需求。通过这种方式，我们可以确保景观设计更加贴近社区居民的期望，并激发他们对文化遗产保护的参与热情与责任感。

（三）城市景观设计策略——促进社会参与

1. 引导社区居民积极参与

在城市景观设计中，应引导社区居民积极参与，通过调研会、听证会、座谈会等形式，与社区居民保持密切联系，向社区居民传达有关城市景观设计的规划方案、实施流程、实现效果等相关信息，并征求社区居民的意见和建议，收集反馈信息，建立良好的合作与沟通渠道。在此过程中，要邀请社区居民积极参与城市景观设计方案征集和设计决策过程，参加规划会议、设计讨论等环节，确保信息的透明性和可行性，使社区居民能够充分理解和参与其中。通过共同缔造的方式，社区居民能够直接参与并分享自己的想法和需求，在优化城市景观设计方案的同时，确保设计方案能够充分满足自身的期望。

在公开展示和阐释设计流程及决策时，为顺应社区居民的多元需求，应提供多样化的参与途径。除传统的线下座谈会与方案咨询等方式外，亦应积极运用线上平台及社交媒体等新型工具，以吸引更广泛的群体参与，共同推动项目的实施。此举不仅有助于扩大参与范围，提升参与度，还能通过可视化技术与互动性工具，将城市景观设计方案更为全面、清晰地展现给社区居民。利用三维模型、虚拟现实、互动体验等手段，可以使参与者更深入地理解和评估设计方案。同时，建立高效的反馈与沟通机制，鼓励参与者通过多种方式表达意见，确保他们的声音得到及时回应。并通过持续性的反馈与沟通，使社区居民能够实时了解共同缔造项目的最新进展。

2. 充分认识文化遗产与历史遗存的重要性

随着城市化进程的加速，城市景观设计成为塑造城市形象、提升城市品质的重要手段。在这一过程中，我们不仅要关注景观的美学价值，更要尊重和保护城市特有的文化遗产及历史遗存。这些文化遗产和历史遗存是城市独特的身份标识，是城市精神的载体，也是城市景观设计中不可或缺的元素。

在与社区居民共同开展城市景观设计时，我们要充分认识到文化遗产和历史遗存的重要性。这些遗产不仅承载着城市的历史记忆和文化底蕴，也是居民情感归属和认同感的重要来源。因此，我们必须将保护这些遗产的理念贯穿于设计方案的始终，确保设计方案能够与居民身份、社区精神相契合，符合城市景观设计的需求和环境特征。

让社区居民参与设计决策过程，是提高他们对城市景观设计原则和目标理解的有效途径。通过参与设计过程，居民们能够更直观地了解景观设计的理念和目标，更深入地感受到文化遗产保护的重要性。同时，他们的意见和建议也能够为设计方案提供参考，使设计更加贴近居民的实际需求，更具人文关怀。此外，社区居民的参与还能够增强他们对城市景观设计的责任感和归属感。当他们看到自己的意见和建议被采纳，看到自己的社区变得更加美丽和谐的，他们的自豪感和满足感便会油然而生。这种归属感和责任感将进一步激发他们参与城市建设和管理的热情，为城市景观设计的持续改进和提升贡献力量。

（四）城市景观设计策略——突出创新

1. 采用创新的设计理念与技术

创新的设计理念和技术在城市景观设计中具有重要意义。通过探索新的设计理念和技术，可以提升城市景观设计的独特性和创新性。采用生态设计原则，将自然环境融入城市景观空间，可以提高城市景观设计的可持续性和生态系统服务功能；推崇人性化设计原则，充分考虑使用者的需求，创造舒适、便利和美观的城市景观空间，可以提高城市景观设计的可适性和功能性；推广环保性设计技术，将可再生材料和自洁材料工艺引入景观设计施工中，可以提高城市景观设计的耐久性和环境友好性；应用数字化设计技术，将人工智能、物联网等技术运用于创造智能城市环境中，可以提高城市景观设计的高效能和可持续性；使用智能化管理技术，将智能交通系统、智慧灯光系统和智能化公共设施等介入城市景观管理，可以提升城市景观设计的管理水平和景观品质。

在推进城市景观设计的过程中，不仅要坚守对文化遗产的保护原则，更应积极探索创新传承之道。通过对文化遗产元素进行造型和功能上的创新设计，将这些富含历史与文化内涵的符号巧妙地融入城市景观之中，是实现文化遗产创新传承的有效途径。此外，为增强民众对城市景观的参与感和认同感，我们可以引入互动性和参与性元素，使民众在欣赏城市美景的同时，也能深入体验文化遗产的魅力。借助数字艺术装置、智能化城市家具以及互动式公共艺术等多种形式，我们可以推动文化遗产元素的创新设计理念和技术在城市景观设计中的广泛应用，为城市的发展注入新的活力。这不仅为民众提供了与城市环境空间互动的机会和平台，还极大地丰富了城市景观的趣味性和文化内涵。

2. 结合传统与现代元素

在城市景观设计中，巧妙结合传统与现代元素是一个重要的景观设计创新方式。文化遗产中具有丰富的传统元素，是历史和文化的集中体现；城市景观中具有独特的现代元素，是时代和科技的发展印记。通过将传统与现代元素巧妙结合起来，可以创造出独具历史文化底蕴又充满现代活力气质的城市景观。结合传统与现代元素意味着在城市景观设计过程中,要深度挖掘城市的历史和文化内涵,并将其与当代城市景观需求相结合。

在城市景观设计中要找到传统与现代元素之间的平衡点,需要注意两个问题:一是在城市景观设计中,可以保留和修复历史建筑、文物和景观等文化遗产,以挖掘文化遗产的历史和文化内涵、价值;二是在文化遗产保护中,可以引入和使用城市景观设计中的景观元素、科学技术,以丰富城市景观的形式与功能。此外,在城市景观设计中,可以借鉴传统的材料和工艺技术,将其重新融入现代城市景观和设施独特的文化氛围中,从文化主题和内涵价值等方面进一步提升城市形象,丰富景观价值。

第四节　数字化生态城市设计在城市更新中的运用

"在城市更新过程中,需要通过有效方式对原有的城市空间进行合理规划,根据不同阶段工作内容合理开展工作,提升整体工作效率"[①]。数字技术能够实现对城市更新空间的模拟,改变传统管理模式,提高城市更新工作效率和质量。以下围绕数字化时代下的城市更新及建筑设计工作进行了探讨,旨为数字时代城市更新及建筑设计提供参考。

一、数字化技术在城市更新设计中的作用

(一)数字技术助力城市更新

为了推动城市建设工作,城市更新工作逐渐成为城市发展过程中的重点。随着数字技术的发展,大数据、云计算、人工智能、区块链、5G、VR、AR 等技术被应用在城市更新中。利用数字技术,探索解决制约城市更新痛点、难点的方法,将助力城市更新,实现新型智慧城市的建设。

(二)利用数字化技术提升建筑设计水平

将数字化技术应用于建筑设计中,可以提升建筑设计水平。数字化技术

---

① 李文成. 数字时代城市更新及建筑设计策略[J]. 智能城市,2023,9(10):87.

能够通过CAD技术帮助设计师构建出科学合理的三维空间及色彩、质感，将设计师的设计构想转化成具体的数字模型，帮助设计师及时进行改进和完善。在建筑设计方案优化阶段，可以通过数字化技术中的CAD软件功能对设计的方案进行信息采集、指标量化以及功能属性的预测，并在此基础上进行优化和修改，确保建筑设计方案更加完善。在进行建筑结构设计时，可以使用数字技术对建筑结构进行有效处理，提升结构整体空间品质，利用数字技术对建筑结构的细节特征进行分析，保证其具有一定的针对性和合理性，实现建筑结构设计的目标。

（三）利用数字化技术提高城市管理水平

数字化技术有利于城市交通管理工作的开展。在城市交通管理过程中，可以通过计算机技术、网络技术等实现对整个交通网络系统的有效监控与管理，利用先进的通信技术，将交通事故发生的信息传递到监控中心。通过信息处理中心及时对相关信息进行有效处理和反馈，实现对整个交通网络系统的科学管理。

二、数字化生态城市设计在城市更新中的运用策略

（一）数字化时代下的城市更新策略

1. 更新城市数据

从时间维度上看，城市数据更新的动力来自人类对空间发展变化的需求。从空间维度看，随着城市化进程的不断加快，城市建设越来越复杂，城市更新面临的挑战也越来越多。从内容维度看，随着数字技术的不断发展和普及应用，城市数据呈现不断增长的趋势。

从研究内容上看，需要对现有各类基础地理空间数据进行分析研究、总结提炼和科学评估。在现有空间数据基础上进行深化应用，分析提取和研究其内在关系以及不同类型数据之间的相互关联，对现有的各类专题空间数据进行梳理、整合和更新利用。进一步加强对其他相关领域空间数据的挖掘分析以及相关应用技术的研究，找出适合区域发展方向及发展模式的新技术和新方法。

2. 更新地理信息

地理信息系统（GIS）是一种利用计算机技术，通过空间的方式对地理空间进行管理的系统。GIS技术在城市更新中发挥着重要的作用。随着我国新型城镇化建设的不断推进以及地理信息数据资源的不断丰富，城市更新与发展过程中对地理信息系统的需求日益迫切。

目前，国内外在地理信息系统的开发与应用上已经形成了一些成熟的模式。但在我国城市更新中，GIS技术仍处于起步阶段。目前，国内城市更新中对GIS的需求主要集中在提供准确、及时的空间数据和地图服务，建立城市更新数据库，为政府决策提供支持上。

3. 更新资源规划

在数字技术的赋能下，通过对各类信息数据的采集、整合、分析和利用，可以更好地提升更新资源的使用效率。

（1）深化更新资源现状调查。利用地理信息技术和数据采集技术，对更新区域内各类建筑物、市政设施、公用设施等现状情况进行数字化表达和可视化呈现。通过叠加分析、时空分析等方法，为更新决策提供充分的信息依据，如在对老城区进行整体改造更新的过程中，通过GIS空间分析等技术对空间分布、建筑质量、市政设施、社会服务等方面进行现状调查和信息提取，为开展改造工作提供数据支撑。

（2）挖掘更新区域发展潜力。利用数字技术对更新区域内现有资源进行全面了解和评估，分析现有资源在满足现实需求的同时存在哪些发展潜力，确定城市更新的重点领域和重要方向。例如，对区域内各类土地开发潜力进行调查，发现存在旧城区中有大量待开发土地可供进行后续利用开发，老城区中各地块面积相对较小且密度较高导致地块开发空间较小，老城区中各类市政基础设施较为老化且不完善等问题。对以上问题进行全面分析和梳理，可以为后续的土地利用规划和项目策划提供重要依据。

（3）完善更新资源规划流程。在更新资源规划阶段加入数字化元素，能够提高规划决策的科学性和准确性，如在城市更新改造过程中充分利用数字技术的空间分析功能开展城市空间布局研究。针对存在安全隐患的区域，应用数字技术建立地理信息系统平台实现安全隐患排查。通过空间分析软件对用地性质进行空间分析以及用地潜力分析等。将科学合理的城市更新方案转化为可供操作的实施方案需要进行多方案比选、优化或调整等操作。传统的数据采集工作主要在现场进行数据采集，在数据传输过程中容易受天气因素或交通状况的影响而发生延误现象。

(二) 数字化时代下的建筑设计策略

1. 加强数字技术与建筑设计的融合

数字化时代下，建筑行业的发展越来越快，为了能够保证建筑设计工作的顺利开展，需要加强数字技术与建筑设计的融合。在建筑设计过程中，设计师需要根据实际情况进行综合分析，选择合适的设计方法和手段，保证建筑设计工作的顺利进行。此外，为了使数字技术能够更好地为建筑设计服务，建筑设计师在进行设计工作时，需要对数字技术进行合理应用和利用，如在进行建筑物户型设计时，合理利用数字技术对建筑物的功能和布局进行科学安排；在进行建筑物平面布置时，合理利用数字技术实现各个空间之间的联通；在进行建筑物立面效果图制作时，合理利用数字技术对建筑外观、效果等进行制作。

2. 加强数字技术在建筑设计中的应用

通过数字化技术的应用可以对建筑进行模拟、分析等，能够使设计师更好地对方案进行优化，有效减少建筑设计中出现的问题。例如在建筑设计中应用3D打印技术，能够有效提高建筑设计效率及建筑质量，加快工程建设速度。数字技术还可以应用在建筑图纸设计中，通过CAD技术可以对图纸进行准确分析，将其与三维模型进行对比，有利于设计师对建筑物进行全面分析。

在城市建设过程中需要保证建筑物能够与周围环境相融合，实现良好的互动作用。因此，现代城市建设过程中需要重视数字技术在建筑设计中的应用，确保建筑物与周围环境能产生互动作用。在进行城市建筑设计时，可以应用建筑软件三维建模、渲染等进行模拟及分析。

随着建筑市场竞争的日益激烈，部分建筑设计师的职业素养和职业技能还有待提高。因此,建筑设计师应重视自身素质的培养及专业知识的学习,积极将数字化技术应用到实践中。例如,BIM技术是一种集信息、模型于一体的数据处理系统,具有信息共享、快速建模等优点;VR技术是以虚拟现实为基础的一种技术,通过构建建筑物三维模型使建筑师对建筑物有更好的了解,可以将城市及区域环境进行模拟再现,对建筑物进行3D打印;等等。将类似的以上技术应用到城市建筑设计中,不仅能够提高建筑设计师的职业技能,还能够加强数字技术在设计过程中的应用。

计算机辅助技术在建筑设计中的应用,能够发挥其良好的优势,可以有效提高建筑设计效率及质量。计算机辅助技术主要包括了三维建模、工程模拟、虚拟现实、数字仿真等,可以根据实际情况选择使用。在计算机辅助技术的作用下,设计师能够全面掌握建筑物的实际情况,将其与设计要求进行对比,合理确定建筑方案。此外,通过计算机辅助技术还能够将建筑物的使用功能进行模拟与分析,如在进行房屋设计时,可以应用三维建模、虚拟现实、工程模拟等技术,结合建筑的实际情况进行合理调整与修改,能够减少施工周期,有效提高建筑工程质量。

3. 增强数字化设计的可持续发展能力

可持续发展是建筑行业发展的基本方向。建筑设计师需要将可持续发展理念融入建筑设计,增强可持续发展能力。在数字化时代下,建筑设计工作的重点已经从传统设计方式向数字化技术转变。现阶段,数字技术已逐渐代替了传统设计方法,因此建筑设计师在进行数字化设计时需要考虑未来的发展方向。针对城市建筑设计,规划要求与建筑设计方案要全面考虑周边环境、周围居民、自然环境等情况,以生态环保为原则,以现代科学技术保护自然环境。将自然条件和技术设备合理地结合到建筑设计中。

为了提高建筑设计工作的有效性和准确性,需要加强对数字技术的运用和研究,对可持续发展能力进行增强,更好地应对新形势下的建筑环境变化。

第六章　城市更新视角下的城市设计路径研究

第一节　城市更新中的城市设计路径探索

一、城市更新目的与城市设计理念的重要性

（一）城市更新的主要目的

1. 城市国土空间规划的完善

"国土空间是保障区域经济、产业等发展的重要组成部分，早期城市建设过程中，受制于当时的科技、经济城市规划水平，城市的国土空间规划存在很多问题"[①]。随着相关技术、经济、发展/设计理念的完善，城市国土空间规划优化的重要性逐渐表现出来。同时，伴随着城市功能更新、服务更新的实际要求，在城市国土空间规划的过程，需要进一步发挥中心区域、农村、产业园区等不同区域的集群化发展效应，也让城市国土空间规划的过程中，必须遵循精细化、科学化、人性化的规划理念。因此在城市更新的过程中，必须从总体规划、专项规划、详细规划等不同角度、不同层级对城市国土空间规划进行全面优化，使其符合建筑物功能、城市功能、区域功能发展的实际需求，从而为城市空间的利用与未来的发展提供有力保障。

---

① 李涛. 城市更新中的城市设计路径研究 [J]. 居舍，2023（8）：93.

2. 城市功能与服务的更新改造

在我国居民生活水平不断发展的过程中，现有的城市功能、服务面临着更新改造的实际需求。在实现城市精细化更新改造的过程中，城市的功能、服务更新改造是城市更新的重点。一方面需要充分重视建筑物自身的价值，充分发挥建筑物对居民高品质生活带来的积极作用；另一方面还需要从公共空间的角度上进行不断发展与完善，使城市功能符合城市发展、居民生活的实际需要，将其功能、服务设计与城市的规划设计进行有效结合，在充分发挥城市功能、服务更新改造作用的同时，为城市高品质的生活条件提供客观的物质基础保障。

3. 历史文化的传承与发展

城市的发展都是伴随着一段历史的进步，大量的历史文物、老旧的建筑在记录城市发展历史的同时，也是城市精神、文化的重要组成部分。在城市更新理念逐步更新的过程中，城市文化对于城市的凝聚力以及发展活力具有非常重要的作用。同时也促使城市在更新发展过程中，必须重视对已有历史、文化的传承。在重视历史沉淀的同时，发展城市的文化新风貌，从而打造具有特色的城市类型。

（二）城市设计理念的重要性分析

1. 注重城市更新建设的合理性

注重城市更新建设的合理性是一个复杂而关键的任务，它涉及城市的各个方面，包括规划、设计、发展以及公共服务的优化。随着城市化进程的加速，城市规模不断扩大，对原有基础设施的优化、改造和延伸成为城市发展的重要一环。因此，针对城市的发展需求，对建设内容进行更新和优化，使城市的更新建设更加合理，成为当前亟待解决的问题。

（1）提升城市更新建设的合理性需要从城市规划的源头抓起。城市规划是城市发展的蓝图，它决定了城市未来的发展方向和空间布局。因此，在制定城市规划时，必须充分考虑城市的实际情况和发展需求，科学规划城市的功能分区、交通网络、公共设施等，确保城市的空间布局合理、功能完善。同时，还要注重生态保护和环境治理，确保城市的可持续发展。

（2）在城市设计和建设方面，要注重提升城市的品质和特色。城市的设计和建设应该遵循人性化的原则，注重细节和人文关怀，使城市的空间环境更加宜居、舒适。同时，还要注重城市的文化传承和历史保护，保留城市的文脉和记忆，打造具有独特魅力的城市形象。此外，随着科技的不断进步，智能化、绿色化的建设理念也应该得到广泛应用，以提高城市的运行效率和生活质量。

（3）在市政工程建设方面，提升城市更新建设的合理性尤为重要。市政工程是城市基础设施的重要组成部分，直接关系到城市居民的生活质量和城市的运行效率。因此，在市政工程建设过程中，必须充分考虑工程选址和功能定位的合理性。例如，在地下市政工程建设中，需要综合考虑对地表建筑设施、地下管线设施的影响，确保工程建设的顺利实施和城市的正常运行。同时，还要注重市政工程的科技创新和绿色环保，采用先进的技术和材料，减少对环境的影响，提高工程的可持续发展水平。

此外，提升城市更新建设的合理性还需要注重公众参与和社会监督。城市的发展是为了更好地服务人民，因此，在城市更新建设过程中，必须充分听取市民的意见和建议，让公众参与到城市规划和建设中来。同时，还要加强社会监督力度，确保城市更新建设的公正性和透明度。

2.确定城市更新建设的发展性

确定城市更新建设的发展性，是一项复杂而深远的系统工程，它涉及城市规划、建筑设计、基础设施、社会经济发展等诸多领域。在历史长河中，城市作为人类社会发展的重要载体，始终在不断地演变与更新。随着时代的进步，人们对城市的要求也在不断提升，从最初的居住功能，到后来的经济、文化、社会等多方面的需求，城市的内涵与外延都在不断地拓展。

（1）城市设计理念是确保城市更新建设发展性的重要指导思想。一个科学的、前瞻性的设计理念，能够引领城市朝着更加健康、可持续的方向发展。它要求我们在进行城市更新建设时，不仅要关注眼前的利益和需求，更要从长远的角度出发，为未来的城市留下足够的发展空间。通过合理的规划布局、科学的建筑设计、完善的基础设施建设等手段，实现城市功能的优化与提升，为未来的城市更新建设打下坚实的基础。

（2）城市功能的不断完善与发展是城市更新建设的重要目标。一个现代化的城市，不仅要有完善的居住、交通、教育、医疗等基础设施，还要有丰富的文化、娱乐、休闲等生活设施。在城市更新的过程中，我们需要注重城市功能的完善与提升，通过优化城市空间布局、提高城市设施水平、加强城市环境整治等措施，打造宜居、宜业、宜游的城市环境，提升城市的综合竞争力和吸引力。

（3）确保城市更新建设的发展性还需要注重社会经济的协调发展。城市更新建设不仅仅是物质空间的改造与提升，更是社会经济的转型升级与发展。在城市更新的过程中，我们需要充分考虑当地的经济基础、产业特色、人口结构等因素，制定科学合理的更新策略与方案，推动城市的产业升级、结构调整和人口优化，实现城市经济的持续健康发展。

此外，随着信息化、智能化等技术的快速发展，现代城市更新建设还需要注重科技创新与应用。通过引入先进的科技手段和技术设备，提高城市管理的智能化水平，改善城市居民的生活质量，推动城市的数字化转型与智慧化升级。同时，科技创新还可以为城市更新建设提供新的思路和方法，推动城市建设的创新与发展。

3. 提高城市更新建设的品质性

城市更新建设是现代社会发展的重要组成部分，它不仅关系到城市的外在形象，更直接关系到居民的生活质量和城市的可持续发展。在这一进程中，建筑的功能和公共场所的服务品质无疑是衡量城市更新建设成功与否的重要标尺。城市设计作为规划与实施这一过程的关键环节，其方式方法对于确保城市更新的品质具有不可或缺的作用。

城市更新建设并非简单的拆旧建新，而是一个综合性的系统工程。它涉及城市规划、建筑设计、公共设施布局、环境改善等多个方面。在这个过程中，建筑物的功能性和公共场所的服务性至关重要。建筑物的功能不仅在于满足人们的居住、工作等基本需求，更在于其能否与城市的整体风格和文化底蕴相融合，能否为人们提供舒适、便捷的生活体验。而公共场所的服务品质则直接关系到城市的公共生活质量和居民的幸福感。为了提升这些方面的品质，城市设计理念的应用显得尤为重要。城市设计不是简单的美学追求，而是对城市空间、建筑形态、环境景观等进行全面、系统的规划与设计。它要求我们在确保建筑物功能性和公共场所服务性的基础上，注重与周边环境的协调，注重人性化设计，注重可持续发展。在应对城市人口增加、土地资源紧缺等突出问题时，城市设计更是发挥了不可替代的作用。通过立体、多元的设计方式，我们可以有效提高土地的利用效率，减少土地资源的浪费。同时，这种设计方式还可以保障建筑功能和公共场所服务功能的全面实现，使得城市空间得到更加合理、高效的利用。此外，提升城市更新建设的品质性主要有以下对策：

（1）加强城市规划的引导作用。城市规划是城市更新建设的前提和基础，只有科学合理地规划，才能确保城市更新的有序进行。在城市规划过程中，我们应注重与城市设计的衔接，确保规划理念与设计理念的一致性。

（2）注重建筑设计与城市文化的融合。建筑物是城市文化的重要载体，其设计应体现城市的历史文脉和文化特色。通过巧妙的设计手法，我们可以使建筑物与城市环境相协调，营造出独具特色的城市风貌。

（3）提升公共场所的服务品质。公共场所是城市居民生活的重要组成部分，其服务品质将直接影响到居民的生活质量。因此，在城市更新建设中，我们应注重提升公共场所的设施水平、环境质量和文化氛围，为居民提供更加舒适、便捷的生活空间。

二、城市更新中城市设计的应用路径

（一）城市更新背景下的城市设计现状深入剖析

对城市当前的发展现状进行深度剖析，是确保城市更新成效的关键环节。这一过程旨在全面审视城市所面临的问题、产业现状、发展格局以及文化传统等多维度信息，为城市设计提供精准且有针对性的指导方向。通过现状调研，我们不仅能够了解城市当前的发展状况，更能为未来的更新工作奠定坚实的基础。

此外，现状调研还具备前瞻性的规划与设计价值。针对城市未来的发展目标，我们可以对城市的布局、发展路径等进行深入剖析与规划。例如，在建筑、绿化、景观等方面的调研中，结合区域人口的流动情况，我们可以进一步完善城市设计的细节，并为未来的发展趋势预留足够的发展空间。这样，城市设计便能更好地促进城市发展、生态环境改善以及生活品质提升等多方面的共同进步。

（二）城市更新导向下的城市设计总体策略规划

在整理现状调研结果的基础上，我们需要进一步完善城市的规划与设计理念。这一过程应紧密结合城市更新的具体要求，对总体发展策略进行深化与细化。通过对区域内空间布局的进一步优化，我们可以分析当前区域发展的优势以及在城市更新过程中可能遭遇的挑战。

在此基础上，我们需要制定更为明确且具体的未来发展计划，并细化更新工作的各项内容。这样，我们既能够充分发挥区域优势，又能够为城市功能的完善提供切实可行的解决方案。在策略规划的过程中，我们可以借鉴城市更新过程中的成功经验，并通过多种途径获取相关信息，为城市更新的规划提供明确的方向。同时，我们还应通过模拟城市更新规划的具体内容，从更为详尽的角度展开对城市发展、更新的具体规划，以便及时发现并预防更新过程中可能出现的动态问题。

（三）城市更新过程中的城市设计实施跟踪与调整

城市设计是一个持续完善的过程，因此，在实施设计方案时，我们需要进行全面的跟踪与监控。通过及时发现并解决实施过程中可能出现的问题，我们可以对设计方案中未考虑到的内容进行及时完善，从而提升城市设计的更新效果，避免资源浪费。

此外，通过实施跟踪，还可以进一步确保城市未来更新的改善空间。这既能够为当前城市的发展提供多方面的优化与调整空间，又能够顺应城市多方面的发展规律，避免负面因素对城市未来的更新发展带来不良影响。因此，实施跟踪不仅是城市设计过程中的重要环节，更是确保城市更新成效的关键措施。

三、城市更新中城市设计的应用对策

(一) 结合城市特点的更新方案设计

在城市更新进程中,为确保更新方案切实契合城市的发展需求,在设计过程中必须深入考虑城市特色,从而有针对性地制定更新策略。以东北某城市为例,一方面,鉴于该城市的地域、经济和人口特性,及其不断增长的人口规模,我们须有针对性地优化城市的居住环境;另一方面,考虑到该城市以旅游业为主导产业,我们在关注居住条件的同时,亦须高度重视景观、住宿、交通等配套设施的建设与发展。设计过程中,我们必须充分考量城市特色,调整居民住宿布局,如建设现代化高层住宅,以提升土地利用效率。同时,通过构建旅游酒店、文化宣传设施等,确保旅游经济得到有效发挥。在交通规划方面,应结合区域交通网络,合理拓宽道路,优化长途与短途交通布局,避免城市交通拥堵,为旅游经济的蓬勃发展创造良好的环境。

(二) 选择具有合理性与可行性的城市更新方案

合理性与可行性的方案需要在不断研讨验证的过程中,来保证城市更新方案的有效执行。同时,在城市更新设计的过程中,资金是制约城市更新设计的主要内容,在为其投入足够关注的同时,还需要从土地资源、人口资源、发展潜力等角度对城市更新设计方案进行有效验证。一方面,城市规划管理部门需要对设计方案进行深入分析,结合城市更新的实际需求,选择数个不同的设计方案,并从理论和实践的角度上选择最优方案,比如在不考虑资金、资源限制前提下的最优方案,以及在实践过程中具有可行性的备选方案。从而在此基础上对设计方案进行有效优化、简化,使其满足城市更新发展的实际要求。另一方面则需要在方案的设计过程中,对其进行多层次的循环论证,了解每个方案的优劣之处,并在完善的过程中对其方案的投入进行多方面的研究,以便从细节上对设计方案进行调整、淘汰,从而确定最终具有可行性的设计方案。而在确定方案之后,还需要对该方案进行独立验证,主要针对该方案的资金、资源投入情况进行论证。在经过多轮验证后,可以进一步参考专家的反馈,使方案更具有可行性。

（三）城市更新方案的模拟与优化分析

随着现代科技的日新月异，城市更新已不再局限于传统的静态规划，而是可以借助先进的模拟技术，使更新方案更具实操性和前瞻性。在实际操作中，我们运用BIM技术，对城市现有状况进行精确的三维建模。随后，根据预设的城市更新方案，进行动态模拟，以展现方案实施后的预期效果。以城市棚改为例，我们对居住、停车及商业区域进行全面细致的模拟，涉及交通流线、人流量分布以及居民数量增加后的发展趋势等多个方面。这不仅有助于我们深入了解设计方案的实际效果，更能为后续的规划调整提供数据支持。

在交通规划方面，我们依据区域人口规模、居民增长趋势等因素，对机动车停放需求、高峰时段的交通压力进行精确模拟。基于这些分析，我们进一步采用交通转盘、立交桥等策略，对交通组织进行优化，确保城市交通的顺畅与高效。例如，可以通过结合3D建模、动态模拟和可视化技术，我们能够更加严谨、稳重、理性地评估城市更新方案的合理性与可行性，为城市的可持续发展奠定坚实的基础。

（四）城市设计方案的执行与有效调整

通常而言，设计方案通常被认为是前置性工作，但为了保证方案的有效落实，并动态解决城市更新过程中出现的问题，需要对方案的执行进行动态追踪，以做出进一步的调整与优化。例如，在南方某省会的城市更新过程中，需要重点关注该城市在文教方面的优势，在确定、验证设计方案之后，确定该城市北部需要建设一个大学城，从而集中该城市的文教资源。但在实际执行的过程中，由于该城市的文教资源体量较大，大学城的总体规模较大，具有较高的执行难度。而设计单位在了解相关问题后，在不停工的情况下，与主管单位进行有效沟通，并在原有的设计上对该区域的公共交通进行有效调整，增加多个地铁站、公交站点，改变该区域的交通便捷性，并通过进一步的区域优化，使大学城的人流量得以有效分流，从而降低交通拥堵时间，并减少相关问题对大学城建设带来的不良影响。

（五）城市设计方案的动态验收与优化

在方案的执行过程中，相关工程项目的建设质量都会对最终的更新结果带来较大的影响。因此必须重视对设计方案的动态验收与改善,在重视验收管理的同时,应充分考虑到当前设计方案的调整空间,并对其更新与完善做出充足的准备。确保其满足设计预期,并对施工建设、完成情况进行进一步分析,确保设计中的预留量能够体现在施工结果中。例如,在北方某城市的城市更新过程中,该城市南部建设了大量的客运站、公交站、地铁站,为了确保建设的合理性,还需要预留一定的建设用地,便于后期火车站、高铁站的建设。在设计过程中,设计人员在根据客运规模充分跟踪、考察的同时,对执行的效果进行验收,并将部分客运区作为预留区,从而提升了后期火车站、高铁站的建设空间,使未来城市更新的过程中,不需要展开进一步的用地规划,为城市的未来更新获得了充足的空间。

第二节 城市更新视角下的低碳生态城市设计

低碳生态城市是以减少碳排放为主要切入点的生态城市类型,它将低碳目标与生态理念相融合,最终实现"人—城市—自然环境"和谐共生。"在资源环境约束条件下,面对中国城镇化的现实矛盾与未来挑战,以低碳生态城市理念确定的新型城市发展模式具有重要意义"[①]。其中,物质资源的循环与高效利用是低碳生态城市的重要特征。城市更新作为破解土地资源紧缺难题的一种手段,主要以建成区为对象,通过对存量土地资源的空间整合与潜力挖掘,为城市经济的持续发展寻找新的空间,从而实现土地资源的循环利用和用地效益的提升。可见,城市更新是低碳生态城市建设的重要途径之一。例如,深圳城市更新的低碳生态规划目标应以低碳生态理念为指导,以综合整治为主要更新方式,适度推进以全面改造和功能置换为手段的城市更新,在更新前期调查、更新方案比选、更新实施与管理、更新评估与修正等更新全过程中全面贯彻低碳生态理念和技术方法,倡导空间结构紧凑化、土

---

① 李江,胡盈盈. 转型期深圳城市更新规划探索与实践 [M]. 南京: 东南大学出版社,2015: 69.

地利用混合化、交通系统低碳化、绿色建筑规模化、产业经济循环化、生态环境友好化、社会发展公平化,打造经济、社会、环境和谐发展的绿色有机更新之路。

一、基于不同更新方式对城市的低碳生态要求

不同的更新方式会对城市更新改造后的建筑、产业、环境、基础设施等要素的低碳生态效果产生很大的影响。更新方式的不同会直接影响更新后建筑量、经济量、人口量、就业量等的不同,也会对在更新过程中如何融合低碳生态理念与技术产生较大影响。

(一)综合整治对城市的低碳生态要求

从可持续发展的角度来说,综合整治作为一种修复式的改造手段,相对于拆除重建这种大拆大建的改造方式,其在资源利用、节约能源、保护生态环境等方面具有积极作用。从某种程度上来说,综合整治本身就是最大的低碳生态更新策略,而综合整治又是通过建筑、产业、交通、市政、环境等不同方面来具体体现低碳生态改造策略的。

1. 有效推进现有建筑的节能改造

在城市化进程中,新村、居住区和工业区作为城市的重要组成部分,其建筑能效的提升对于城市可持续发展具有重大意义。为此,针对这些区域,应积极推进现有建筑的节能改造,通过绿色技术、可再生能源应用、建筑维护与物业管理等措施,全面提升建筑的能效水平。

(1)绿色技术与可再生能源的深度融合。对现有建筑进行节能改造,关键在于综合利用各种绿色建筑技术和产品,以实现建筑的低碳生态化转型。在保持建筑原结构框架稳定的前提下,应充分利用外遮阳、自然通风、自然采光等被动式设计手法,同时结合中水回用、雨水收集、立体绿化等绿色建筑技术,有效降低建筑能耗,减少碳排放强度。例如,在芝加哥中心区的"脱碳"规划中,通过改造破旧房屋,不仅节省了大量改造资金,更使得新建建筑对城市生态系统的负面影响最小化。这种更新方式不仅优化了能源利用和碳排放结构,更提升了地区的整体生活品质。这为我们提供了一个宝贵的借鉴：在推进节能改造的过程中，应注重技术与环境的和谐共生，实现经济效益、社会效益和环境效益的共赢。

同时，可再生能源的规模化应用也是节能改造的重要组成部分。太阳能、浅层热能、生物质能、风能等可再生能源在建筑领域具有广阔的应用前景。通过在建筑屋顶增设太阳能收集器，可以实现热水供应、制冷及蓄电池充电等多重功能；在建筑中配置太阳能热水系统、安装空调余热回收装置等，可以进一步提高建筑的能效水平。此外，在高层建筑中推广可再生能源的应用，也是实现城市可持续发展的重要途径。

（2）强化维护与物业管理的能效导向。住宅物业管理在提升居民居住环境和质量方面发挥着关键作用。因此，在推进现有建筑节能改造的过程中，应加强对住宅物业管理的重视。通过扩大物业管理覆盖面，将原特区内老住宅区和原特区外原农村社区纳入综合整治范围，并引入专业的物业管理工作，可以有效提升这些区域的建筑能效水平。在现有物业管理区域内开展节能减排活动，鼓励和指导物业服务企业积极参与循环经济建设，有助于形成全社会共同关注、共同参与节能减排的良好氛围。此外，在住宅项目物业管理区域内试点契约式能源管理模式，通过政府监管和物业管理项目考评等手段，可以进一步提高物业管理企业的服务水平和质量，推动节能改造工作的深入开展。

（3）降低实施过程中的环境影响。在节能改造过程中，应注重降低对环境的影响。通过对建筑性能的全方位诊断，合理更换建筑材料和设备系统，可以提高建筑的耐久性和寿命。同时，对现有建筑进行节能、节水的全面改造，可以进一步降低能耗和水耗。

在改造、拆毁和再利用阶段，应合理规划拆卸、更换下来的建材和设备的流向，实现资源化利用。通过回收利用废旧建材和设备，可以减少对新资源的需求，降低能源消耗和环境污染。此外，还应加强对改造过程中产生的废弃物的管理和处理，确保不对环境造成不利影响。

2. 积极加强现有产业的低碳生态化改造

随着全球气候变化的加剧和环境保护意识的提高，低碳生态化改造已成为推动产业发展、提升城市可持续发展水平的重要途径。在当前我国城市化进程中，一些旧工业区由于历史原因和现实条件限制，无法直接通过拆除重建或功能置换实现全面改造。因此，通过技术替代、产业升级、实施清洁化生产等方式，对现有产业进行低碳生态化改造，成为一种切实可行的选择。这种改造方式旨在降低对能源、资源的过度依赖，推动产业向科技化、创意化、循环化的现代产业转变，从而改善生态环境，减少温室气体和污染物排放，实现经济效益与环境保护的双赢。

（1）加快城市产业升级。城市产业升级是低碳生态化改造的核心内容之一。在当前的经济发展背景下，传统产业往往面临着高能耗、高排放、低附加值等问题，这不仅限制了产业的可持续发展，也对城市生态环境造成了压力。因此，加快城市产业升级，推动产业结构优化和转型升级，是实现低碳生态化改造的关键。首先，要大力发展高新技术产业和绿色产业。通过政策引导和市场机制，鼓励和支持企业加大科技创新力度，发展具有自主知识产权的高新技术产业，培育新的经济增长点。同时，积极推动绿色产业发展，如节能环保、新能源、新材料等领域，这些产业不仅具有广阔的市场前景，而且能够有效降低碳排放和环境污染。其次，要促进传统产业的转型升级。对于传统产业，要通过技术改造、产品创新等方式，提高其附加值和市场竞争力。同时，要引导企业加强资源综合利用和环境保护，实现经济效益与生态效益的协调发展。最后，要加强产业链的整合与优化。通过优化产业布局、推动产业协同发展等方式，加强产业链上下游企业的合作与联动，形成具有竞争优势的产业集群，提高整个产业的低碳生态化水平。

（2）推广节能减排技术。推广节能减排技术是实现低碳生态化改造的重要手段。通过引进和应用先进的节能减排技术，可以有效降低能耗和排放，提高资源利用效率，推动产业的低碳化发展。首先，要加强节能技术的研发和推广。鼓励企业加大节能技术研发投入，开发高效节能的工艺和设备，推广先进的节能技术和产品。同时，政府要加大对节能技术的支持力度，通过政策引导、财政补贴等方式，促进节能技术的广泛应用。其次，要推广清洁生产技术和循环经济模式。清洁生产技术是实现源头减排的关键手段，通过采用清洁原料、改进生产工艺等方式，减少生产过程中的污染物排放。循环经济模式则强调资源的循环利用和废弃物的减量化处理，通过构建闭合的产业链和废物回收体系，实现资源的最大化利用和废弃物的最小化排放。最后，要加强能源管理和监测。通过建立完善的能源管理制度和监测体系，对能源消耗和排放进行实时监测和分析，及时发现和解决能源浪费和排放问题，提高企业的能源利用效率和环保水平。

（3）综合利用资源能源。资源的综合利用和能源的节约利用是实现低碳生态化改造的重要方向。通过提高资源利用效率、优化能源结构、发展可再生能源等方式，可以有效减少对有限资源的依赖，降低碳排放和环境污染。首先，要加强资源的综合利用。通过采用先进的资源回收技术和循环利用技术，将废弃物转化为有价值的资源，实现资源的最大化利用。同时，要推动工业废弃物的减量化处理和资源化利用，减少废弃物对环境的压力。其次，要优化能源结构。通过发展清洁能源和可再生能源，降低对传统化石能源的依赖。政府可以出台相关政策，鼓励和支持清洁能源和可再生能源的开发和应用，推动能源结构的优化升级。最后，要加强能源管理和调度。通过建立完善的能源管理和调度体系，实现对能源的精细化管理和合理分配。这不仅可以提高能源的利用效率，还可以降低能源浪费和排放。

3. 有效提高现有基础设施的低碳生态化改造

城市更新所涉及的基础设施主要包括道路交通设施和市政基础设施。综合整治方式虽然不能从根本上解决更新对象在道路、市政等方面存在的问题，但通过采取疏通道路、加强停车场绿化、完善排污设施、增加中水及设施等措施，可以对现有的基础设施进行低碳生态化改造，有效提高现有设施的供给能力。

（1）加快灰色道路向绿色道路转变。为加速从灰色道路向绿色道路的转型，我们计划对更新片区的道路进行有序的低碳生态化改造，全面升级市政、人行、公交和交通设施。重点片区将开展交通综合治理，优化交通微循环，消除交通瓶颈，连通断头路，从而显著提升路网的整体通行效率。同时，我们致力于打破城市社区间的隔阂，减少小区开发对城市支路的占用，并将符合条件的小区内部道路纳入城市交通体系。首先，可以采取渐进式的方式对传统交通模式进行生态化改造，通过控制交通出行数量，在保持单位排放量稳定的前提下，有效降低城市交通的碳排放。为此，我们将大力发展步行、自行车和公共交通等绿色出行方式，以满足城市居民的不同需求，并构建高效优质的慢行交通和公共交通系统，从而减少城市交通的燃油消耗和尾气排放。其次，还将优化交通方式和构成，建立以步行和非机动车为主导，并与公共交通紧密衔接的绿色交通结构。在重新定位城市交通运输体系时，我们坚持以人为本，优先发展步行、自行车、公共交通，其次是出租车、货车和摩托车。同时，我们将加大步行和自行车交通设施的建设力度，构建连续、无障碍的步行和自行车交通网络，为绿色交通的发展提供有力支撑。最后，通过城市更新解决公交场站的建设用地问题，严格控制城市中心区的社会停车场数量，鼓励公众使用公共交通。在居住区，我们将合理规划和密集布置社会停车场。同时，我们将研究建设集约、立体、生态型的公交站标准和方案，以试点的方式推进生态型公交站的建设。对现有停车场，我们将进行生态化改造，提高绿化覆盖率，降低汽车噪音对环境的干扰，并对重点地段的交通声环境进行综合整治。

（2）促进现有市政设施的低碳生态化改造。对市政设施现状的改造应根据更新对象的不同而采取相应的整治措施。对于城中村与旧居住区需要着重针对生活所需要的给排水、燃气、垃圾处理三个方面进行低碳生态化改造。提高生活污水处理回收率，加强污水处理和中水回用，规定中水使用比例，填补用水缺口。

在已建成的住宅小区中完善管道天然气转换，提高管道燃气普及率，公共区域采用太阳能照明用电，实施生活垃圾无公害处理。旧工业区由于产业结构不合理、生产工艺落后等原因导致二氧化碳、固体废物、废水、废气等污染物排放增加，严重影响了城市环境。旧工业区中基础设施的低碳生态化改造应根据固、气、水、声的不同特点，以及本地污染和废弃物的排放状况，制定相应的环境质量和污染控制标准，提高工业固体废物处理利用率、工业用水重复率，减少单位GDP二氧化碳排放量。

(二)拆除重建对城市的低碳生态要求

从城市长远发展角度理解,拆除重建方式在科学规划,满足环境、基础设施、城市景观等可持续发展要求下,可以采取提高容积率、改善城市环境、增加就业岗位等措施,有效利用土地、空间资源,形成集约式发展。拆除重建通过对改造地区在产业、建筑、交通、市政、生态环境等方面的重构,可以最大限度地采用低碳生态理念及相关技术标准,形成一种全新的城市发展模式。

1. 合理发展绿色建筑

"全世界的塔吊都集中在中国"是对我国快速城镇化,城乡建设速度、规模空前的生动比喻。大量新建建筑在改变城市环境、提高居住水平、拉动相关产业发展、增加政府收入的同时,在建筑物建造与运行过程中消耗了大量的自然资源和能源,对生态环境产生了巨大的负面影响。在城市更新过程中,拆除重建在产生大量新建筑的同时,如何在建设过程和后期运行中减少污染,降低碳排放,有效利用资源能源,体现低碳生态理念、技术,成为更新后新建筑发展的重要方向。

(1)强调全过程绿色建筑。近年来,绿色建筑已得到人们的重视,"节地、节能、节水、节材"建筑成为中国建筑的发展方向。拆除重建为城市建筑再造提供了难得的机遇,也为更新后新建建筑由传统高消耗型发展模式向高效生态型发展模式转变,体现"全寿命周期分析"(LCA)理念提供了最佳实践场。

拆除重建后的新建筑应强调从规划设计阶段到施工过程、运营管理实施全过程控制、分阶段管理的绿色建筑思路。不仅强调在规划设计阶段充分考虑并利用环境因素,施工阶段确保对环境的影响最小,还要关注运营阶段能为人们提供健康、舒适、低耗、无害的活动空间,拆除后对环境危害降到最低。强化对新建建筑执行能耗限额标准全过程的监督管理,实施建筑能效专项测评。从建筑全寿命周期的角度,通过合理的资源节约和高效利用来建造低环境负荷下安全、健康、高效、舒适的环境空间,实现人、环境与建筑的共生共容和永续发展,全面达到"节能、节地、节水、节材"的目标。

（2）完善绿色建筑设计。为确保绿色建筑规模、容积率和面积的合理性，提升土地利用效率，我们必须强化住宅节地工作。必须保证至少70%的住宅用地用于建设廉租房、经济适用房、限价房以及90平方米以下的中小套型普通商品房，从而遏制大型商品房过度占用土地资源。同时，我们将在市保障性住房项目中率先实行住宅产业现代化政策，提升住宅的品质和质量，有效降低能耗，充分发挥其示范引领作用。所有保障性住房的建设，都必须严格遵循"四节二环保"的原则。

在新建筑的设计过程中，我们将充分利用计算机模拟工具，对建筑窗墙比、体型系数、围护结构保温隔热性能和采光性能、生活热水系统等进行全面优化。我们将加强自然通风和自然采光的利用，以改善室内声光热环境，确保室内空气质量。此外，我们还将减少建筑空调制冷负荷，提高系统效率，以降低建筑的运行能耗。

同时，要合理采用可再生能源，实现污染废水的资源化利用，减少对环境的影响，确保再生水的使用安全、可靠。同时，我们将合理设计雨水收集和景观水方案，减少市政供水，保障用水安全。在建筑结构设计上，我们将注重节约材料，合理提高可循环、再生材料的使用量，以提升建材的耐久性。

（3）实施绿色施工。注重场地生态环境保护，严格控制噪声、光污染、施工弥散、大气污染等环节。注重在施工用水、用地、材料选择、废弃物处理等过程中贯穿节能、节水和节约材料的理念，加强建筑工程扬尘控制，强化噪声与振动控制，完善建筑工地泥头车监管，并采取各种有效措施加强对人员安全与健康的保障，减少施工对环境的不利影响。

编制预制构配件与部品的生产、设计、施工和验收规范，出台关于推进建筑工业化的意见，逐步实现建筑预制构配件、部品的工厂化生产与现场装配。积极培育建筑工业化示范基地，鼓励建筑工业化技术与产品的研发。

2. 发展产业低碳生态化

城市更新通过拆除重建的方式对改造地区内的产业进行重新构建。相对综合整治方式侧重于对现有产业的优化、升级，拆除重建方式的产业策略更多的是强调选择哪些产业、如何在新的产业布局中体现低碳生态的一种引导与控制。下面以拆除重建为研究基点，从产业布局、节能减排技术研发与推广、节能减排管理三个层面，对拆除重建方式中如何融合低碳生态理念进行分析。

（1）合理引导产业布局。拆除重建后的产业面临全新选择，如何从全新视角引导产业布局，发展低碳生态产业，需要根据上层相关规划进行产业定位与空间布局。以区域环境容量和资源条件为基准，加强产业空间布局与城市组团结构、轴带结构、土地利用效益的圈层结构、城市中心体系、城市空间管治分区的契合。大力发展高端服务业和高新技术产业，重点研发汽车、电子信息、生物与现代医药等产业的共性技术与核心技术，降低生产能耗和二氧化碳排放，培育形成一批具有自主知识产权、前瞻性的高新技术产业。

开展循环经济试点，创新生产模式，加快构建工业园区、产业功能区的低碳生态化。对新建项目提高准入标准，严格准入管理，建立新上项目与节能减排指标完成进度挂钩，与淘汰落后产能相结合的机制。

（2）加强节能减排技术研发与推广。新引进产业应加强节能减排技术研发，建立以企业为主体、产学研相结合的节能减排技术创新与成果转化体系。构建节能减排技术服务体系，开发和培育节能减排市场，多形式、多途径、多层次推进节能减排服务产业化、市场化。

大力推进清洁生产，加强企业年度清洁生产审核绩效分析，鼓励企业通过清洁生产减少能耗和污染排放，对重污染企业实行清洁生产强制审核，实现产业生产低碳生态化。

以综合利用资源、能源提升节能减排。调整能源结构，不断提高清洁能源的使用比例，大力促进太阳能、风能等可再生能源的开发利用。

（3）完善节能减排管理。建立健全项目节能减排评估审查和环境影响评价制度，对达不到能耗和环保准入条件的企业依法不予审批、核准、备案。推进环保产业健康发展，制定重点发展环保企业认定标准。完善节能减排投入机制，多渠道筹措节能减排资金。充分发挥财政资金在节能减排中的引导作用，市、区财政部门应加大财政资金在节能减排方面的投入力度。

3. 构建低碳生态化设施

相对于综合整治，全面改造是对更新地块的一种根本上的新建，可以在最大程度上实现许多新的理念和技术方法。低碳生态化拆除重建可以通过绿色道路交通体系构建、TOD模式、低冲击开发、垃圾无害化处理、中水系统及太阳能发电等措施，在基础设施规划建设中全面体现低碳生态理念和技术。

(1) 打造低碳生态化道路交通体系。拆除重建式的城市更新可能会对地区内的道路交通体系进行重构，包含两方面内容：一方面，当改造用地规划为城市交通设施用地时，需要从区域、城市层面研究如何构建低碳生态化道路交通体系；另一方面，当改造地块规划为城市非交通设施用地时，如居住、工业等用地，需要结合周边交通情况，重点对地块内部自身道路交通体系进行重建。前一个内容已经在空间结构中有所研究，这里主要对第二种情况进行分析。

城市更新地区的道路交通体系应加强与周边城市道路、公共交通设施、过街设施、人行设施的一体化设计，实现地铁、公交和出租车等多种交通方式的无缝转换。提倡自行车、公共交通出行，构筑慢行系统，减少小汽车的使用，加强城市步行设施的建设，为市民提供便捷、舒适的候车环境及步行空间。

(2) 加快绿色市政设施的应用与推广。拆除重建更新方式为改造地区按低碳理念规划建设公共基础设施带来了全新的机遇。更新地区应根据现状特点，结合城市基础设施，合理规划布局环境卫生设施，提高设施使用率，提高垃圾无害化处理和综合利用水平，提高日常保洁能力和环卫设施的建设、运营和服务水平，实现垃圾收集运输密闭化、垃圾处理无害化、减量化、资源化，提高环卫工作机械水平，提高工作效率。重视控制废弃物的生产源，鼓励发展较少废物或无废物的生产工艺，建立废弃物管理制度。

综合考虑城市所在地区的水系统特点，将给排水纳入区域水循环系统统一考虑。给水规划需要全面采取雨污分流体制，加强雨水的收集利用、污水处理和无害排放，加强规划引导，推广生活节能，加大实施能效标志和节能节水产品认证管理力度,降低服务行业的能源消耗水平。

4. 加大低碳生态社区建设

城市更新不仅要塑造全新的低碳生态物质空间、绿色产业系统,还需要在社区规划建设方面充分体现低碳生态理念,建设和谐型社区、环保型社区、人文型社区和清洁型社区。中新天津生态城总体规划将社区规划纳入专项规划中,形成基层社区—居住社区—综合片区三级体系,并结合三级体系提出组团布局、空间紧凑、建设强度多样化、步行优先等设计原则。生态社区还将引入公众参与、健全社区建设管理组织体系、组建真正意义上的横向社区居民自治管理网络,并成立生态解说员培训营加强社区生态教育普及。北京长辛店低碳社区的布局规划还特别考虑了邻里结构,以人的步行距离设置邻里单元的空间尺度,减少机动车使用率,不需要汽车就能够满足居民基本的购物、休闲要求。

低碳生态改造的成功不仅仅要靠技术、方法和管理来实现,还需要居民的共同参与,新的生态系统的形成取决于新的行动,更新改造必须考虑当地的社会结构和人们的日常习惯,让低碳生态理念融入居民的日常生活和行为中,只有这样才能真正实现低碳生态化改造。例如,哥本哈根的韦斯特布鲁地区采用生态更新模式,在当地更新社团的基础上,组建城市更新学校,为居民提供大量的与更新、低碳生态等相关的教育、培训活动,对培养当地居民的低碳生态意识和改造的顺利实施起到了良好的推进效果。

(三) 功能置换对城市的低碳生态要求

功能置换主要是指改变部分或者全部建筑物使用功能,但不改变土地使用权的权利主体和使用期限,保留建筑物原主体结构的更新改造方式。根据消除安全隐患、改善基础设施和公共服务设施的需要,可以加建附属设施,并应当满足城市规划、环境保护、建筑设计、建筑节能及消防安全等规范的要求。功能置换类的城市更新,从不改变建筑物主体结构的角度来看,可采取建筑节能改造、现有产业生态化改造等与综合整治相类似的低碳生态改造策略;从改变部分或全部建筑物使用功能的角度来看,尤其是在功能选择上,更新方向为产业的,可以借鉴拆除重建中有关产业调整、绿色建筑、低冲击开发等改造策略，强调功能转变过程中的低碳生态理念与技术的融合。

二、城市更新中落实低碳生态建设的措施

城市更新作为城市发展的重要环节，其目的不仅在于改善城市环境、提升城市品质，更在于实现城市的可持续发展。低碳生态建设作为当前城市发展的重要趋势，其理念在城市更新中的落实显得尤为重要。以下从多个方面对城市更新中落实低碳生态建设的措施进行学术性探讨。

（一）构建多层次的低碳生态更新指标体系

在城市更新过程中，构建一套符合实际、科学有效的低碳生态更新指标体系至关重要。这一指标体系应涵盖低碳生态规划、建设、管理和实施等各个环节，通过控制性指标和引导性指标的设定，指导城市建设、明确城市发展目标。同时，指标体系应结合当地自然气候条件和城市发展阶段等因素，分类考虑，设置不同的标准值进行考核。此外，为确保指标体系的有效实施，还须将其与各层次规划相结合，落实到空间层面，创新不同尺度的低碳生态城市更新规划编制方法。

值得注意的是，低碳生态更新指标体系的构建应与传统城市规划指标进行有效衔接。既要保留传统城市规划中的精华指标，又要根据低碳生态城市发展的最新要求，对传统规划指标进行调整、优化并加入相应的低碳生态指标。这既是对传统城市规划的继承与发展，也是对低碳生态理念的深入贯彻。

（二）加强更新规划政策的空间引导与控制

城市更新规划政策的制定与实施对于推动低碳生态建设具有重要作用。通过容积率奖励、地价优惠、审批手续简化等空间政策，可以有效鼓励城市更新过程中创造更多的公共空间，保护城市生态与文化遗产，引导未利用地、闲置地的暂时性灵活使用。同时，鼓励在建筑物或红线范围内开辟非独立占地公共开放空间，如建筑底层架空、群房屋顶层主楼架空、建筑沿街开辟骑楼等，以满足市民的休闲需求并提升城市品质。此外，对于具有地方风格和文化特色的建筑或自然景观，应进行修复保育，以传承城市文化脉络。

在工业区更新方面，可通过研究结合容积率的分段累计计收地价等政策，鼓励工业用地适度进行高强度、低污染的二次开发。这既有助于提高土地利用效率，又有助于促进工业区的转型升级和可持续发展。

（三）制定低碳生态城市规划关键技术标准与规范

低碳生态城市更新涉及众多规划技术，制定相关技术标准与规范对于确保更新工作的科学性和有效性具有重要意义。首先，应构建低碳生态更新指标体系，确定各项指标的量化方法和目标值，包括碳排放、水、电、废弃物等指标的计算和设定。这有助于为城市更新提供明确的目标导向和评价标准。其次，应加强对城市更新片区生态承载力计算技术的研究，包括土地、水、植物等不同生态要素的承载力计算，以科学评估更新片区的生态容量和承载能力。此外，还应研究不同改造方式下城市经济社会活动或重大基础设施建设对生态系统影响的评价和预警技术，以便在更新规划编制中加入环境影响评价环节，确保更新工作符合生态环保要求。

（四）开展低碳生态更新的试点示范工程

为验证和推广低碳生态更新措施的有效性，开展试点示范工程具有重要意义。通过选取具有代表性和针对性的地区作为试点，可以优先开展低碳生态更新工作，探索适合当地实际的更新标准和规范。同时，试点工程还可以为低碳适宜技术的研发和推广提供实践平台，积累宝贵经验。例如，在公明陶瓷厂改造项目中，采取"绿色更新"理念，同步推进居住区建设和周边交通环境改善、市政设施配建等工作，并在设计、施工等环节中广泛应用绿色环保和再循环材料以及低碳技术。这样的试点工程不仅有助于提升当地的城市品质和生态环境，还可以为其他地区的城市更新提供可借鉴的经验和模式。

第三节 城市更新视角下的决策机制

一、公众参与下的城市更新项目决策机制

随着城市化进程的加速推进,城市更新项目成为推动城市发展的重要手段。然而,传统的城市更新决策机制往往忽视了公众的意见和期望,导致在项目实施过程中常常出现各种矛盾和问题。为了解决这个问题,公众参与下的城市更新项目决策机制应运而生,这一机制强调公众的参与和意见表达,旨在实现更公平、可持续和包容性的城市发展。

(一)公众参与下的城市更新项目决策机制内容

公众参与是城市更新项目决策机制的核心。公众作为城市的主人,对于城市的未来发展有着深切的关切和期望。他们的参与不仅可以提高决策的透明度和可信度,使决策更加符合当地的实际情况和需求,还能增强公众对城市的归属感和认同感,促进社会的和谐稳定。然而,要实现有效的公众参与,并非易事。首先,需要建立一套完善的决策机制,明确公众参与的目标和原则,确定参与的主体和方式,以及制定具体的参与流程和规则。这些机制的建立需要充分考虑公众的利益和需求,确保公众能够充分表达自己的意见和诉求,同时决策者也能认真倾听并充分考虑这些意见。其次,信息的公开和透明是实现公众参与的重要前提。决策者应及时向公众发布项目相关信息,包括项目的背景、目标、方案、影响等,以便公众能够全面了解项目情况并做出判断。同时,公众也应有机会对项目的实施过程进行监督,确保项目按照既定目标进行。这种信息的公开和透明有助于增强公众对决策的信任度,减少不必要的误解和冲突。

此外,为了保障公众参与的有效性,还需要建立相应的反馈和评估机制。这包括对公众意见进行收集、整理和分析,以便决策者能够及时了解公众的需求和期望,并作出相应的调整和改进。同时,还需要对项目的实施效

果进行定期评估，以便及时发现问题并采取有效措施加以解决。这种反馈和评估机制有助于实现决策的持续优化和改进，提高城市更新项目的质量和效益。

需要注意的是，公众参与下的城市更新项目决策机制是一个持续不断的过程。随着城市的发展和变化，新的问题和挑战会不断出现，需要公众和决策者共同面对和解决。因此，应建立长效的公众参与机制，确保公众能够持续参与到城市更新的决策和实施过程中来。这不仅有助于推动城市更新项目的顺利实施，还能促进城市的可持续发展和社会的和谐稳定。

（二）城市更新视角下项目公众参与决策流程

1. 提高公众的有效参与是参与主体共同的责任

"作为社会主义国家，我国的城市建设并不是完全建立在自由的建设市场之上的，我国的城市建设同时受政府与市场的双重作用"[1]。我国作为社会主义国家，政府始终以人民利益为依归，致力于维护最广大人民的根本利益。这意味着社会主义政权的核心是人民至上。基于此，我国城市建设的成功离不开广大公众的广泛参与和积极贡献。公众的积极参与为城市建设的决策与实施过程奠定了坚实的社会基础，营造了良好的参与环境。社会公众的参与不仅确保了城市建设决策的全面性和准确性，使其更加符合公众的实际需求，而且促进了城市建设的科学性和合理性。因此，如何有效发挥公众参与在城市建设中的重要作用，已成为各方参与者共同关注的焦点。针对这一问题，可以从以下三个方面进行深入探讨：

城市更新作为城市发展的重要环节，其成功与否直接关系到城市的整体形象和居民的生活质量。传统的城市更新模式往往以政府和开发商的意志为主导，缺乏对公众意见和利益的充分考虑，导致决策不够科学，给城市后续发展带来了负面影响。因此，调整观念、增强立法和监督、建立科学的公众参与体系，成为当前城市更新工作亟待解决的问题。

（1）调整观念：树立以公众为主的城市更新理念。长期以来，在我国城

---

[1] 倪炜. 公众参与下的城市更新项目决策机制研究［D］. 天津：天津大学，2017：16.

市更新过程中，政府和开发商占据主导地位，公众往往处于被动和弱势地位。这种观念上的偏差导致城市更新决策往往容易忽视公众利益，缺乏公众参与的有效渠道。因此，必须调整观念，树立以公众为主的城市更新理念。政府应转变职能，从主导者转变为引导者和服务者，积极听取公众意见，充分考虑公众利益诉求。同时，公众也应增强参与意识，积极行使自己的参与权利，为城市更新贡献智慧和力量。

（2）增强立法和监督：为公众参与提供法律保障。目前，我国城市更新中公众参与的相关法规和政策尚不完善。虽然立法层面表现出对公众参与的支持，但缺乏具体、可执行的法律法规及政策。这导致公众参与无法可依，甚至在某些地区被忽视或反对。因此，必须加强立法工作，制定具有针对性和可操作性的法律法规，明确公众参与的权利、义务和程序。同时，加强监督力度，确保公众参与在城市更新中落到实处。通过立法和监督的双重保障，为公众参与提供坚实的法律基础。

（3）建立科学的公众参与体系：协调各方利益，实现共赢。科学的公众参与体系是城市更新成功的关键。在城市更新过程中，应充分考虑政府、开发商、公众、环境等各利益相关方的利益需求。通过调研、座谈、听证等方式，广泛听取各方意见，形成共识。在此基础上，采取有效方式协调各方利益，实现城市更新项目的总体价值。同时，注重公众参与的全过程管理，从策略制定、建设实施到运营管理各阶段都保证有效的公众参与。这样不仅能提高规划决策的科学性，还能减少项目实施的阻力，实现共赢局面。

（4）提升公众话语权与谈判能力：增强公众参与的有效性。在城市更新过程中，提升公众的话语权和谈判能力是至关重要的。首先，要提高公众在公共项目参与中的权利意识和责任意识。通过宣传教育、培训等方式，增强公众对自身利益的认识和维护能力。其次，畅通公众参与渠道，建立有效的利益诉求传达机制。通过设立咨询热线、举办听证会等方式，广泛收集公众意见，确保公众意愿得到充分重视。最后，政府应提供专业咨询服务，帮助公众正确评价自身利益需求，提高其参与的有效性和科学性。

2. 城市更新中的公众参与模式

公众参与的重要性已经得到了广泛的认可。但不同的公众参与模式会因其各自路径的不同导致公众参与在城市更新中产生不同的效果。

(1) 自上而下的参与模式。这是一种传统的参与模式，其根源是传统的政府管理与决策模式是自上而下的。这种模式是由政府、开发商及主要技术人员先制定出城市更新的规划决策方案，之后就该方案向公众征询意见。从理论上来讲，在此过程中公众的意见会被收集并可能对决策方案造成影响，但在实际操作中，这种自上而下的模式往往没有较好地吸收公众的建议与意见，公众的参与处于初级阶段，往往仅限于聆听和了解。自上而下的决策模式不具备发展公众参与的良好土壤，公众参与往往流于形式。

(2) 自下而上的模式。改革开放以后，我国经济形式逐渐由计划经济向市场经济转化，随着市场经济的不断发展，自上而下的政府决策模式受到了市场经济带来的巨大冲击。为了寻求适合于新时期的决策模式，我国通过学习引入了西方公众参与中使用的自下而上的决策模式，并一度认为自下而上的模式是公众参与的标准模式。但由于公众群体知识储备存在差异、认识水平良莠不齐等因素，使得决策过程中无序性较强。公众群体固有属性的限制导致自下而上的模式也同样具有较大的弊端，难以高效地形成科学的决策。简单来说，自下而上的模式的弊端在于过分强调公众参与的作用反而降低了城市更新中公众参与的效果。

(3) 各利益相关主体之间交互的参与模式。交互模式承认政府作为政策的制定者、规划专家等专业人士是科学决策的重要参与者，但同时要求在决策过程中为公众开辟有效的公众参与渠道，使各方在决策过程中实现良性互动，做到及时的信息交流与反馈。可见，交互模式既不是仅强调决策过程中政府和专家的专业性，也不是片面地强调公众利益与建议的重要性，而是通过建立有效的参与渠道与机制，使各方交互协调，使政府、专家、投资者以及公众等各方能够在决策过程中充分发挥各自的优势，并贯穿在城市更新决策、实施、运营管理等各阶段，从而通过公众参与提高城市更新项目的整体效益。

3. 城市更新项目阶段划分及各阶段公众参与

（1）城市更新项目阶段划分。城市更新是一个多层次、多方参与、建设周期长、投资巨大的系统性工程。为明确公众参与的具体流程，须先科学地划分其阶段。城市更新不仅关乎市场要求，还要应对公共空间复兴，引导公共投资，等等，它与社会公众利益密切相关。

随着经济社会的发展，公众希望通过多种渠道参与公共事务，对城市更新提出自己的诉求。不同的更新类型有不同的融资渠道。对于整体拆迁与重建，公众可通过听证会等方式参与决策，但这种方式相对被动。对于风貌或历史保护项目，公众同样可以通过听证会参与，但由于其涉及政策要求和制度标准，居民对其决策的影响程度相对较小。而小规模治理项目允许居民深度参与决策、设计、建设及运营，是一种主动的公众参与方式。为保证公众的有效参与，政府须设计科学流程、完善参与渠道。城市更新项目可分为以下七个阶段：

第一，项目建议书阶段。该阶段的主要任务是提出项目的初步设想与建议书，提出即将开展的城市更新项目的初步想法，明确具体的城市更新项目内容与目标。

第二，项目可行性研究阶段。该阶段的主要任务是核定城市更新项目技术上的可行性与经济上的合理性，评价其对环境与社会的影响。该阶段的工作是项目决策者进行投资决策的主要前提和依据，也是编制项目实施方案的主要依据。

第三，立项审批阶段。该阶段的主要任务是完成项目立项和审批，该阶段工作的目标是确定项目决策，编制项目任务书。

第四，土地使用权获取阶段。该阶段的主要任务是完成项目用地的获取工作，其中的拆迁工作是最容易各方利益出现争端的环节。

第五，勘察设计阶段。该阶段的任务依次包括项目初步设计、技术设计和施工图设计，主要依据立项审批阶段所编制的项目任务书进行具体安排和设计，达到预定的技术、经济、环境要求，该阶段的目标是形成城市更新项目的施工图纸。

第六章 城市更新视角下的城市设计路径研究

第六，施工阶段。该阶段的主要任务是完成整个项目的土建和设备安装。

第七，使用运营阶段。该阶段是项目验收后的投入使用阶段，旨在达到项目建议书阶段的设计目标，从而创造经济、社会和环境效益。

（2）城市更新项目各阶段公众参与。结合城市更新中公众参与的特点，为了便于开展公众参与工作，顺利引导公众参与实施，可以将上述七个阶段简化概括为四个阶段，分别为概念阶段、设计阶段、实施阶段和项目后评价阶段。城市更新是一项长期工程，它由一系列的更新工程组成，始末时间点不一，每项工程依据此流程开展公众参与，便可有序完成城市更新工程。在各个阶段中公众参与流程的具体设计如下：

第一，在概念阶段，政府可以提前征询公众关于城市改造的建设意愿和建设建议，之后，政府基于社会总体利益的考虑，同时结合已征询得到的公众的意愿表达，制定出城市改造的整体建设蓝图。并将建设蓝图及时向公众进行公示，从而进一步征询公众的建议与看法，从而做到将城市更新这一密切关系公众生活的决策的部分权利交给公众。通过媒体宣传使公众了解城市更新的最新规划动向及有关城市更新的相关情况，同时通过随机抽样或社区选举代表的方式形成公众参与团体与规划部门关于城市改造过程进行详细座谈，规划部门基于此并结合自身掌握的相关情况，做出符合公众利益诉求的城市更新规划蓝图，以备进一步论证，并与公众进行比选。在融资方面也应充分考虑采用公众参与的方式，拓宽融资方式，可以有效避免由于政府财力不足导致的城市更新工程推进迟缓的问题。政府可以根据工程的具体情况，结合公众参与公众决策的方式，广泛吸纳社会资金，鼓励社会资金积极参与到城市更新工程中，为此政府可以给予参与城市更新的企业以税收优惠或财政扶持。在此过程中，要及时向公众公示城市更新项目的最新进展与实际情况，与公众进行良好的互动，从而得到公众的广泛支持。

城市更新是一项技术复杂、投资巨大、融资模式创新、涉及多方主体利益、对城市发展与人民生活影响深远的工程，因此想要使公众有效地参与、科学地决策，政府相关部门必须对参与决策的公众进行相关知识与背景的培训与指导。经过必要的培训之后，便可组织相关专家、各方参与主体进行深入座谈，对备选方案进行逐步论证。在此过程中要充分征询公众建议，并进行科学分析，做到尊重公众的利益诉求，还要做到及时反馈，从而提高公众参与的积极性和科学性。因此，在概念阶段，公众的参与方式可以包括以下五种：一是，成立公众咨询委员会，成员由当地居民选出并代表居民向政府机构提出对即将开展项目的建议；二是，开展民意调查，采用问卷或者访谈的方式了解居民的想法和建议；三是，成立街道规划委员会，成员来自当地市民，他们针对已经落成的更新项目提出建议；四是，在规划机构设立公众代表职位，从居民中选聘到官方机构中监督并服务；五是，成立民间流动机构，成员来自当地居民，跨地区交流经验和想法，有利于提高机构的服务质量。

第二，设计阶段是项目全寿命周期中非常重要的一个环节，它的核心是通过建立一套沟通、交流与协作的系统化管理制度，确保和提高项目参与方之间的沟通和协作质量，实现项目的经济、技术和社会效益目标。在项目方案设计阶段，可以采取多种方式使公众参与方案的设计与比选。比如，可以开展设计方案比赛，使公众充分发挥聪明才智，切实表达公众的利益诉求；或者政府可以结合各方利益要求，设计出几套备选的设计方案，使公众参与评价与比选。在评价比选过程中，要结合多方利益诉求，从多维度对方案进行分析。例如，要考虑不同区域的地理特征、区位优势、旧区优势、城市空间的保留与利用、环境保护、经济发展、拆迁安置问题、教育资源配比等多方面因素。从而，满足不同人群的需求，保持健康的社会网络结构。在各方主体开展方案比选研讨会时，要使公众、相关专家、政府相关部门及开发企业的建议得到充分表达，在利益碰撞中寻求一个能够平衡各方利益诉求的建设方案。在比选过程中，需要切实尊重公众的声音，尤其在绿化率、光照、停车位等与百姓生活切身相关的决策问题上要充分聆听和尊重公众的心声。当然，对于法律法规中有明确标准的，应以规定标准为准。当然，在比选过程中，不能忽视对方案的技术性解读，但同时也要注意对于技术性问题的解读方式，政府应采取合适的方式以便于公众理解并参与决策。

第三，城市更新项目实施阶段，是城市更新项目进行的关键时期。其中，拆迁环节是其中的重中之重，是最容易引起重大社会问题的阶段。为避免不良社会问题的发生，确保公众利益得到切实保护，在拆迁阶段，政府相关部门应该做到及时向公众通报拆迁政策与最新的拆迁动态，使拆迁活动透明化，接受公众的监督，避免暗箱操作及信息不对称对公众利益造成损害的情况，使公众的参与及监督落到实处，从而促进拆迁工作的顺利进行。在项目的实施过程中，公众应当积极负责监督，对政府的管理与企业的开发活动进行有效监督。对此，政府应该为公众的监督开辟渠道，使公众能够真正有效地参与监督工作，比如选聘公众到公共部门工作、开展相关技能培训提高公众的专业能力和决策水平，从而提高公众的参与质量。政府应该对参与监督的公众代表进行适当的建设工程基本知识的培训，为公众科学参与提供基础；同时，政府要为公众的有效监督创造可能，使公众代表能够到现场进行监督。以此方式避免在实施过程中部分企业及政府官员为谋取个人利益私自改变决策阶段选定的最优方案，使公众利益遭受损失。在政府的支持与辅助之下，使公众实施有效的参与和监督。

第四，在项目竣工验收后，待项目运行一段时间之后，政府相关部门组织各参与方及公众代表，对城市更新项目的满意度进行评价。对公众及其他各方的回馈意见进行分析从而做到及时调整，以达到更好的经济及社会效益。可以通过咨询中心和电话热线两种方式扩大公众参与范围，其中，咨询中心是指由咨询中心的工作人员负责向公众介绍和解释项目相关信息，电话热线则是相关领域专家或者咨询机构负责人通过电话媒介回答公众问题。

城市更新决策事关多方利益，决策的科学化、民主化和规范化唯有通过制度约束和监督，才能保证每个利益团体都能充分享受到城市更新的成果。城市更新决策的制度化，意味着明确规定决策的权力分配、决策程序、决策规则和决策方式。在明确了城市更新规划的本质及目标内涵，界定好相应治理主体权利关系的基础上，需要对传统的城市更新规划工作流程进行有针对性的调整，在各个环节落实治理要求，搭建一个沟通、协商、合作的规划工作平台。

为了保证公众参与的正常进行,不仅需要建立一个科学的城市更新决策流程,还要借助灵活多样的沟通与交流手段。社区居民是社会公众的缩影,他们来自社会的多个领域,拥有包括规划在内的多个领域的专业知识。这样融会贯通的群体,能够超越城市规划更新层面,在多种学科的交互背景下吸收建设性的意见并做出综合决策,能够充分利用公众的知识储备,把问题上升到更为宽广的领域。

4. 城市更新项目中公众参与动态交互决策流程设计

在实行市场经济体制之前,所有的城市更新项目都是经过政府与规划建设管理部门的计划和商议后形成的。从项目概念阶段到方案设计、实施建造的整个过程中,城市更新项目只在政府、规划管理部门及其他相关部门之间传递,在这个与世隔绝的操作过程中,社会公众无法介入。即便在进入市场经济体制后,也仅仅纳入开发商的决策,与之干系密切的社会公众也无法参与其中。公众参与项目的深度发展,要求建立科学、严格的公众参与政策和体系,将公众的建议和态度通过科学的途径表达出来,并汲取其中有益于项目开展的意见和建议。除此之外,应当鼓励公众参与到项目活动的每一个阶段,尤其是项目建议书阶段,这对整个项目的有效实施无疑是影响最大的。因此,建立合理有效的公众参与动态交互决策流程对公众参与的城市更新项目的顺利开展与进行有着重要的实践意义。

二、城市更新视角下的建筑拆除决策机制

(一)城市更新视角下建筑拆除决策机制的构建策略

1. 优化法规体系

(1)优化建筑拆除决策法规体系

第一,建立城市更新的专项配套法规体系。在国家层面建立城市更新专项法规体系,为城市更新项目的实施提供指引和法律依据。法规体系应该包含引导全国城市更新发展的纲领性文件,明确现阶段我国城市更新的发展目标和发展方向,并在文件中对决策主体、决策方法、决策依据、决策流程等内容做出清晰的规定。同时,该体系应包含城市历史风貌保护、建筑拆除决

策等方面的配套法规，使得城市更新的实施具备完整性和科学性。此外，还应在法规层面建立科学的决策评价体系。城市更新项目应在决策的不同阶段，基于科学的评价体系的评估结果进行相应的决策，如目标制定、更新模式选择、实施效果评估等。同时，地方政府应在国家层面建立的政策法规的基础上，结合本地区的发展现状和区域特色，因地制宜地制定可操作性更强的法规条例。

第二，编制城市更新专项规划，将其纳入规划体系。为了推进城市更新工作，需要将其纳入城市规划体系，作为城市建设中不可或缺的一部分进行统筹管理。在编制城市更新专项规划时，应依据我国现行的规划体系和城市更新专项法规，紧密结合城市发展总体规划，确保与近期城市建设规划相协调。该规划应明确城市更新的重点区域、更新方向、目标、时序、总体规模和策略，为全市城市更新工作提供纲领性指导。

在城市综合发展规划和土地利用规划中，应充分考虑城市更新的内容，以指导法定图则（或控制性详细规划）的编制。通过空间融合，确保城市更新专项规划与城市建设规划等各项规划在操作上协调一致，增强规划的执行力度。基于法定图则或控制性详细规划，应合理划定城市更新单元，结合既有建筑的物理、经济、区位以及历史保护等多方面的综合评价，精心制定城市更新单元规划。规划中需明确更新方案，包括全面拆除重建、点状拆除、改造再利用、维护修复等，以确保更新项目在规划指导下得以有效实施。

第三，制定具有法律效力的城市既有建筑拆除管理条例。建立完善的城市既有拆除管理条例，能有效规范既有建筑拆除行为，从而有效延长建筑使用寿命。既有建筑拆除决策管理条例应立足于建筑拆除全过程，包括建筑拆除决策、建筑征收和补偿、拆除实施、拆除过程监管等，对既有建筑拆除标准、申报流程、决策程序、责任主体、监管主体、拆除流程、保障措施等内容进行明确规定。其中，拆除标准从两个方面进行设定：一是限制既有建筑拆除的强制性规定，如建筑使用寿命在100年以上的历史建筑禁止拆除，一般性建筑在未达到设计使用寿命时限制拆除；二是建立基于单体建筑，综合考虑区域发展的建筑拆除决策的评价指标体系。

城市既有建筑的拆除管理条例应涵盖各类城市建筑，法定限制各类建筑的拆除年限，并按建筑类别进行系统分类管理。首先，应依据城市历史风貌保护相关规划，将既有建筑划分为历史建筑或隶属保护区和风貌控制区的建筑，以及非保护一般性建筑。历史建筑或位于保护区内的既有建筑应禁止拆除，如新加坡规定寿命在30年以上的建筑应进行保护。若由于结构安全性等原因，且无法进行修复和改造导致既有建筑确须拆除重建的，则应经过严格的评估和论证。如意大利规定100年以上的历史建筑未经有关主管机关批准不得拆毁与改建，装修内部也须经文物部门的批准。其次，非保护区内的建筑按我国城市既有建筑一般分类可分为工业建筑和民用建筑，其中民用建筑包括居住建筑和公共建筑，公共建筑进一步可以分为重要公共建筑、纪念性建筑、一般性建筑等。依据建筑的重要性程度，明确各类既有建筑的合理使用年限，设定强制性的限制拆除标准。

第四，建立既有建筑定期维护和检修制度。建设、运行、拆除是建筑全寿命周期中最重要的三个阶段，随着运行时间的增加，物理构件不可避免的老化和破损导致既有建筑的使用性能和服务水平逐步降低，当建筑因为物理原因不再能满足使用需求时，就会被纳入危旧房进行拆除。对既有建筑进行定期检测和周期性维修，能有效延缓建筑的衰败，延长建筑的使用寿命。定期维护和检修的成本与对社会、环境的影响均远远小于拆除重建，并能充分挖掘和利用既有建筑的价值，达到资源的最大节约。既有建筑定期维护和检修制度中应明确维护和检修的内容、周期、责任主体、资金来源等，同时该制度应纳入城市更新体系，作为城市更新的重要类型，当维修无法实现更新目标时，再采用其他更新模式。

第五，建立旧建筑适应性再利用激励制度。为了推动城市可持续发展，提高资源利用效率，我们提出建立旧建筑适应性再利用的激励制度。随着城市功能空间的演变和产业结构的调整，许多仍在设计使用年限内且物理性能良好的城市既有建筑，因功能不再适应当前生产生活的需求而面临空置。这些建筑虽然历史价值相对较低，未列入保护范畴，但在城市更新过程中往往会被拆除重建，造成了资源的巨大浪费。

旧建筑适应性再利用是一种有效的策略，能够充分发挥这些既有建筑的剩余价值，延长其使用寿命，同时维护城市既有风貌和肌理。为了实现这一目标，我们建议构建一套激励机制，包括税收优惠、改造补助等措施，以激发产权人对既有建筑进行改造的积极性。这一制度的实施将有助于推动城市更新向更加可持续和高效的方向发展。

（2）强化法规执行度

第一，科学编制城市规划，增强前瞻性和严肃性。科学编制城市规划，保持规划的稳定性和延续性，并严格依照城市规划进行城市建设，从项目建设初始阶段阻止后期的不合理拆除。城市总体规划的定期修编是为了使规划更符合城市未来发展的需求，是城市发展中不可避免的过程，但我国各地的城市规划普遍存在频繁变更的问题，导致大量城市既有建筑被过早拆除。

科学的城市规划应坚持可持续发展的理念，增强规划前瞻性，在满足当前发展需求的前提下，采取规划留白，尽可能为今后的城市发展留下足够的建设空间。城市规划留白要求规划决策部门不能过于追求短期利益，而应具有长远的发展眼光，从人口、经济、区位、文化、交通等各方面对城市的发展现状及城市土地进行全方位的分析评估，在城市建设或经济发展条件不成熟以及不明确如何进行土地使用安排的情况下，不采取过量的规划建设，而对相应的地块或区域进行不同程度的规划保留，以应对未来城市发展所产生的新增建设用地的需求以及建设用地使用功能的变化，从而避免在城市建成区进行大量的拆除和重建。

第二，明确公共利益标准，严格遵守符合公共利益需求才能进行征收拆除的规定。为了使城市既有建筑征收和拆除行为合法化，同时缩短商业再开发项目的周期，地方政府往往会扩大公共利益的范畴，将一部分商业再开发项目纳入公共利益征收范围。因此，应完善该条例，细化公共利益的评定标准，并严格遵守只有符合公共利益需求的项目才能以征收的形式进行既有建筑的拆除重建，严格区分公共利益性质的城市更新项目和商业性质的城市更新项目。同时，加强土地征收后的监管，通过公共利益性质项目征收的土地只能通过划拨形式出让，不能按照商业项目以招拍挂的方式出让土地，切断不合法利益的来源，从而避免地方政府因依赖土地财政收入而导致的城市既有建筑的不合理拆除行为。

第三，提高相关法规的可操作性，完善奖惩机制。由于我国宪法规定，中国土地实行公有制度，土地与土地上的建筑所有权分离，既有建筑的所有权往往难以保障，因而在不改变城市土地国有性质的前提下，需要进一步强化私人对于土地上附着物的所有权。同时，地方层面出台的法规对城市既有建筑的拆除行为制订了惩罚依据，但惩罚方式单一，罚款额度小，缺乏约束力和实际效果，应结合现实情况，制定完善的奖惩机制。

2. 有效组织结构设计

（1）组织结构框架

合理设置的决策职能组织结构是实现城市更新和建筑拆除决策科学决策的基础，也是决策机制构建的重要内容。城市更新决策职能机构设置主要包括以下三个方面的特征：

第一，建立多层级的职能机构。组织结构按层级分为三层，包括中央职能部门、地方政府和区政府，以及各级政府所属的相关主管职能部门，具备直线制组织结构命令统一、责任分明的特点。建立多层级的决策组织结构，有利于各级政府及职能部门重视城市更新及城市建筑拆除决策与实施工作，将其成体系地纳入城市发展规划制定与城市建设。

第二，设立城市更新专职机构。为了明确责任主体，规范我国城市更新项目的实施，提高城市更新项目的推动效率，应统一城市更新实施部门，取消各地拆迁办或者城市更新办，设立与其他地方行政职能部门并列的城市更新专职机构。英国、美国、新加坡、中国香港等国家和地区在城市更新工作的推动中，均成立了专职的城市更新部门，除新加坡外，城市更新部门均为独立政治团体和法人单位，而非政府职能部门。由于行政体系和社会的差异，非政府职能部门的专职机构在我国城市更新工作中难以充分发挥其作用，因此，在我国，城市更新专职机构应纳入地方政府职能机构，使得城市更新专职机构具有专业的、独立的决策能力和项目实施能力。

第三，职能机构间形成合作机制。现阶段我国参与城市更新和建筑拆除工作的地方职能机构主要有国土规划主管部门、城乡建设主管部门、财政主管部门等，设立城市更新决策专职机构后，其他职能部门需要给予职责范围内的协助，同时负责监督城市更新专职部门的相关行为和活动。

(2) 职责和职能

第一，中央职能部门（住房和城乡建设部）。住房和城乡建设部系我国城市建设与管理之核心机构，其职责在于通过制定并优化相关政策法规，以促进我国城市更新的稳健与可持续发展。此外，该部门亦承担规范城市更新进程中既有建筑拆除决策的任务，包括但不限于发布国家层面的城市更新发展规划及其政策导向，拟定关于城市既有建筑拆除的立法规划、具体条例或框架体系，并编制城市更新可持续发展评价体系。

第二，省、市级地方政府。省、市级地方政府的主要相关职责和职能是制定地方综合发展目标和指标，将城市更新纳入城市发展指标，统筹协调地区城市土地利用、交通、经济、文化、环境等方面的综合发展，组织编制地区发展规划。制定地方城市更新发展目标和发展战略，审核批准城市更新专职部门制定的城市更新相关规划、城市更新年度计划、配套措施等相关政策以及城市更新项目的实施。同时，负责协调各地方性职能部门之间的合作，并受理对城市更新专职部门和其他职能部门的申诉。

第三，城市更新专职部门。城市更新专职部门应作为实施城市更新及建筑拆除决策的核心职能机构，并分设市、区两级。市级城市更新部门应下设规划发展、土地整备、项目审核、资金计划、建设项目实施监督等相关处室，其主要职能和职责包括负责组织、协调全市城市更新工作，依法拟定城市更新相关的规划土地管理政策，制定城市更新和既有建筑拆除相关技术规范，统筹全市城市更新的规划、计划管理，审核各区的城市更新规划、计划和项目。区级城市更新部门应作为该区域内城市更新项目的实施主体，在市级城市更新部门设立的城市更新发展框架下，编制该区城市更新发展专项规划，组织专家和技术组对更新单元内的既有建筑进行综合评价，进一步制定城市更新单元规划，明确更新单元内各建筑的更新类型与更新方式，负责城市更新过程中的土地使用出让权、收回和收购工作，组织实施各类城市更新项目，包括维修维护类、综合整治类、功能转变类、拆除重建类等。

第四，地方性职能部门。与城市更新工作密切相关的地方性职能部门包括发展改革部门、国土规划主管部门、城乡建设主管部门和财政主管部门等。国土规划主管部门应协助城市更新专职部门完成城市更新相关规划及土地管理政策的制定，给予专业和技术支持，提供咨询意见。财政主管部门负责按照地方政府审核通过的城市更新计划，安排核拨城市更新项目资金给城市更新决策专职部门，并对城市更新专职部门的资金使用进行过程监督。城乡建设主管部门应与城市更新专职部门共同实施综合整治类更新项目，将既有建筑节能改造、房屋外立面整治等项目纳入城市更新。

3. 建筑拆除决策流程的优化设计

（1）利益相关者识别

第一，利益相关者分类。根据利益相关者理论，对城市更新中建筑拆除的利益主体的准确识别和界定是构建决策机制的基础。结合现有分类方式和城市更新领域的现实情况，将城市更新背景下建筑拆除决策的利益相关者分为核心利益相关者和边缘利益相关者。目前，关于城市更新中建筑拆除利益冲突协调机制的研究，基本只针对地方政府、开发商和被拆迁人这三类利益主体。城市既有建筑的拆除重建，往往会破坏既有社会结构和社会承载力，使大量现有租户（包括住户和商贩）失去成本低廉的生产、生活空间和赖以生存的社会网络，其中位于社会底层的低收入者将面临难以支付高昂租金而失业或居无定所的困境。因此，城市更新中建筑拆除的核心利益相关者包括地方政府、开发商、被拆迁人和租户，边缘利益相关者则涵盖了中央政府、新闻媒体、金融机构、法律顾问、学术组织、普通市民等群体。根据利益相关者治理理论，所有利益相关者均应参与建筑拆除的决策过程，但各利益主体在决策的每个阶段，相同程度的参与势必会影响决策的效率。因此，可以结合新公共管理理论效率优先的核心思想，设定各利益相关者的决策参与度原则，即在充分考虑并满足边缘利益相关者利益需求的前提下，重点对核心利益相关者之间的利益进行协调和管理。

第二，核心利益相关者作用与利益诉求。

一是，开发商。开发商作为城市的基本经济细胞，是城市更新中不可或缺的重要参与主体。开发商在参与城市更新时会面临很多约束，既有技术与市场等硬性约束条件，也有政策等软性约束条件。硬性的约束条件可以通过自身的不断发展与完善来获得提升，软性约束条件往往会成为寻租行为的突破口。企业为获得参与城市更新的通行证，即获得有利于自身的发展条件，往往会与地方政府达成同盟，这样会影响城市更新决策的制定。开发商参与城市更新实施并影响城市更新的决策，虽然本质上是对利益的追逐，但是其作用却是不可否认的。开发商的参与对于解决城市更新过程中的公共服务设施建设、社会住房供应等一系列市场化问题都具有重要意义。

二是，被拆迁人。被拆迁人是城市更新中相对弱势的群体，他们的利益诉求缺乏有效的表达机制，这主要源于两方面的因素：一是制度本身的缺陷，即公众参与、公众监督机制的乏力，在再开发项目的规划与立项过程中公众参与不足，对再开发运作过程的监督能力也缺乏；二是被拆迁人自身能力，如经济能力、信息能力、文化能力等的缺陷，仅仅依靠城市居民个人身份作为单独的主体或以松散、无序的组织行为与政府、开发商等进行博弈，其在城市更新的实际运作中发挥的作用极为有限。

第三，租户。城市中的更新区域，尤其老旧城区中既有建筑的出租比例往往较高，甚至超过自住率，既有建筑的拆除重建对租户在某些方面的影响甚至会超过被拆迁人的影响。被拆除建筑的既有租户的利益诉求主要是希望社会和政府能够在城市更新中保护自身的居住和生产权益，能够继续在城市立足。除了利益诉求与被拆迁人有所不同外，其面临的诉求机制缺乏，自身能力不足等问题也与被拆迁人类似，因而，在建筑拆除决策中，租户的意见和利益需求应得到充分体现。

（2）流程优化

城市更新中建筑拆除决策应兼顾效率与公平，因此决策流程的优化方向应是使决策过程更加客观和科学，同时还应强化决策过程的透明度和公众参与度。由于建筑拆除决策本身与城市更新管理有着紧密的联系，为了体现决策的全面性和系统性，将城市更新中的建筑拆除决策流程划分为城市更新决策和建筑拆除审批两个阶段。在城市更新决策阶段，决定了决策区域内更新单元或项目的更新模式，明确了既有建筑在城市更新实施中是否被拆除。对于涉及拆除重建的城市更新项目，应对既有建筑的拆除设立严格的审批流程。在建筑拆除审批阶段，主要是从城市更新项目实施层面对建筑拆除进行更直接的控制，其优化的原则应是强化对业主和利益相关主体权益的保障，从而增加建筑拆除决策的公平性，并实现公众对决策职能机构及政府相关部门的事前监督。按照我国既有法律体系，城市更新中的既有建筑拆除分为公共利益征收类和自主申报拆除类。

第一，城市更新决策流程优化。优化后的城市更新决策主要包含了五个关键环节，分别是区域现状综合评估，建立城市更新目标及评价体系，编制城市更新专项发展规划，编制城市更新单元规划，审核并实施相关规划、城市更新实施后评估。各环节的具体实施如下：

一是，区级城市更新专职部门应组织专家对区域发展综合现状进行评估，并将评估报告交与市级城市更新专职部门进行审核，作为制定城市更新目标和规划的重要依据。评估需要基于本地区的区域发展综合评价体系，使评估结果具有科学性和客观性。

二是，市级城市更新专职部门基于各区的现状评估报告和城市总体规划、近期建设规划等相关规划，设定城市更新发展目标和评价指标体系。

三是，市级城市更新专职部门基于发展目标编制城市更新专项发展规划。在规划编制中，除与市级和各区的政府及相关主管部门进行协调外，同时还应将阶段性的成果予以公示，征求社会公众、各利益相关主体等的意见，并根据反馈的意见进行合理修改，实现让社会各群体真正参与决策。

四是，区级城市更新专职部门在全市城市更新专项发展规划的基础上，编制城市更新单元规划，明确更新单元内的城市更新模式，如全面拆除重建、点状拆除、维护整修。更新单元规划编制中，城市更新专职部门应组织专家对辖区内拟更新区域内既有建筑的状况做详细调查，并根据建筑拆除决策评价指标体系对既有建筑的综合性能做出评估，将评估报告作为决策的核心依据。在规划编制中，城市更新专职部门应将评估报告和规划的阶段性成果进行公示，征询公众和各利益主体的意见，基于反馈意见进行合理修改。

五是，市级城市更新部门审核各区制订的城市更新单元规划，并落实相关规划的实施。

六是，城市更新专职部门对城市更新项目的实施进行后评估，评估体系应与城市更新发展目标评价体系一致，从而形成完整的决策流程，使城市更新的实施得以不断优化。

第二，建筑拆除审批流程优化。

一是，公共利益征收类。根据我国《国有土地上房屋征收与补偿条例》，公共利益征收类的建筑拆除决策流程分为三个阶段，立项阶段、征收决定阶段和征收决定反馈阶段。首先，拟实施的项目应提交给城市更新主管部门，由其审查该项目是否属于城市更新单元规划中的项目，并满足拆除重建类城市更新项目的要求。其次，符合城市更新规划的征收项目能否立项，关键在于该项目获得了绝对多数业主和住户的同意。同时，项目立项前还应进行公示，征求各利益相关者的意见，并基于意见改进项目实施方案。

二是，自主申报拆除类。自主申报拆除类的决策流程优化与公共利益征收类相同，优化的流程部门只涉及立项阶段，而不涉及拆迁补偿以及重建方案审批、公示等后续阶段的内容。为缩短决策流程，提升决策效率，自主申报拆除的项目业主在申报前应进行自我审查，查验该项目是否符合城市更新专项规划的要求，此外，还应该满足一定的条件，如占建筑总面积80％且占总人数80％以上的业主同意拆除重建，（多宗地）不小于总拆除用地面积80％等，满足这些条件后才能向城市更新部门提出拆除重建的申请。同时，在审核通过后，还须进行项目方案说明及各评估报告的公示，并征询各利益相关方的意见（除业主外），通过了各环节的审核后，方能进行建筑拆除项目的立项。

(二) 城市更新视角下建筑拆除决策机制的评价体系

1. 指标体系的构建原则

城市既有建筑是城市系统的重要组成部分，不能被独立割离，城市更新中的建筑拆除决策指标体系的构建是一个复杂的体系，其目标是立足于城市和社会可持续发展，综合考虑建筑物理性能、经济、环境、社会、文化等多个方面的因素，科学评价既有建筑在城市更新过程中是否应被拆除或保留，从而使得我国建筑使用寿命得以合理延长。因此，在构建评价指标体系时，应遵循以下原则：

（1）科学性原则。遵循科学性原则是保证评价指标体系规范、客观、合理的基础。首先，指标体系建立需要遵循科学的步骤，应基于对研究对象的广泛调研、专家论证和深入研究，确保整个过程的科学性和客观性，不能主观臆断；其次，选用指标的命名、含义、维度划分、权重计算、评价标准等均要有科学依据，并遵守学术规范，尽可能采用客观的分析和统计方法；最后，选取的指标需要有明确的含义，具有清晰的内涵和外延，能真实、客观、全面地反映出被评价对象的特性。建筑拆除决策评价体系中选用的指标，需要能够客观真实地反映既有建筑的综合状态。同时，评价体系应该以可持续发展、新公共管理理论、利益相关者理论等相关理论为依据，结合我国经济社会的发展阶段和产权设置、现行政策法规体系等实际情况科学构建，以保证最终建立的评价体系能够满足建筑拆除决策机制设计的要求。

（2）典型性原则。典型性原则要求建立的评价体系中的每个指标均能帮助决策者明确被评价对象的关键特征和评价的关键问题。由于构建的既有建筑拆除决策评价体系需要作为决策者判断建筑拆除与否的依据，应用于城市更新实践，而经济、社会、环境等领域的可持续发展评价均是复杂的体系，无法将各维度下的所有指标均纳入建筑拆除决策评价体系中，因此，需要根据影响既有建筑拆除决策的关键因素选择有代表性的典型指标。同时，选择的指标应该通俗易懂，且具有通用性，如采用实践应用中的常规指标，或现有文献中出现频率较高的指标，等等。

（3）简明性原则。简明性原则要求选取的指标及指标描述简洁、清晰，不应过于烦琐和赘述，能简单明了地反映城市既有建筑自身和所处社会环境的主要特征。片面追求指标的全面性，容易造成指标体系的规模庞大，增加数据收集和处理的难度，大幅度降低评价体系在实践应用中的可操作性。此外，评价体系中选用的各指标应尽可能层次清晰，减少相互交叉，避免意义重叠等。由于完整的既有建筑拆除决策评价体系涉及众多维度，各指标间难以存在绝对的独立性，如经济类指标与区域维度指标间存在一定的联系，但在评价指标的选取中，仍应尽可能选择独立性相对较强的指标，从而增强评价体系的科学性和准确性。

（4）全面性原则。全面性原则要求评价体系立足其核心功能和目标，使所选用的指标尽量完整齐全，涵盖被评价对象的所有方面，并要求各指标的作用可以相互协调、相互补充，从而使评价体系能全面、系统、准确地反映出被评价对象的实际状况和特征。由于城市更新中的建筑拆除决策涉及既有建筑的运行、拆除和新建建筑的建设等各阶段的状态评价，因而完整的指标体系应体现建筑全寿命周期的特征。此外，建筑拆除与否取决于建筑安全性、使用性能等自身状态和社会、经济、文化、环境等众多外部因素的综合影响，因此，建筑拆除决策评价指标体系应基于建筑拆除影响因素，选取能综合评价每个维度性能的关键指标，使指标体系能全面和准确地评估既有建筑的综合性能，进而做出拆除与否的科学判断。

（5）可操作性原则。建立的评价体系必须能在实际操作中简单易行，指标的可操作性是评价体系能应用于实践及评价结果得以推广应用的前提。指标可操作性原则要求选择的指标无歧义、清晰明了，可以被定量化，指标的数据易于收集和后期计算，并可以长期连续、重复获得，从而尽可能减少因为决策者主观判断而造成的误差，以期得到准确的评价结果。由于建筑拆除决策评价体系涉及的范围很广，有些指标可以客观量化，如投资收益率等，而有些描述性指标则难以被客观测量，如文化价值等，因而评价指标选择应采用定量与定性相结合的原则，定量指标可以依据现有的标准进行客观赋值或可以被直接测量，而定性指标需要决策者或者专家基于经验进行主观赋值。

2. 评价指标体系的标准

在完成既有建筑拆除决策评价指标体系的构建，并明确了各项指标在体系中的权重之后，我们运用专家讨论会的形式，参考了现行的各项相关标准规范，为每项指标制定了既科学又具备操作性的评分标准和评价依据。鉴于工业建筑与民用建筑在特性上存在显著差异，尤其是使用便捷性、建筑室内空间、建筑室内舒适度等使用性能类指标，目前尚缺乏完善的规范标准作为评价依据，使得这些指标的得分难以客观衡量。因此，我们制定的这一评价标准目前主要适用于居住建筑和公共建筑等民用建筑领域，暂时不适用于既有工业建筑的拆除决策。

为了确保专家对各指标的评分更为客观，同时降低不同专家间的评分误差，评价体系中的六个维度指标均采用5分制评分标准，满分为5分，最低分为1分。指标的得分越高，表明既有建筑在该项上的性能表现越优秀；反之，得分越低，则表明该项性能表现越差。特别需要注意的是，在文化价值这一维度上的指标，我们采取主观评分方式，即基于参与决策的专家们的个人经验对被评价建筑进行对应指标的赋值；而对于其余五个维度的指标，我们则依据相关的定量化标准，采取客观赋值的方式进行评分。

第四节 城市更新视角下的遗产保护利用

随着城市化进程的加速，城市更新已成为不可避免的趋势。然而，在这一过程中，如何平衡城市更新与遗产保护利用之间的关系，成为一个亟待解决的问题。以下从城市更新的视角出发，探讨遗产保护利用的重要性及其策略。

一、城市更新视角下遗产保护利用的重要性

随着城市化的不断推进，城市的面貌日新月异，但在这样的快速发展中，我们也不能忽视城市历史文化遗产的保护与利用。作为城市历史文化的载体，遗产不仅是过去的记忆，更是城市独特魅力的体现。在城市更新的过程中，遗产保护利用的重要性愈发凸显。

第一，遗产保护是传承历史文化的重要途径。每一座城市都有其独特的历史背景和文化底蕴，这些珍贵的记忆往往通过遗产得以保存和传承。例如，北京的故宫、南京的中山陵等都是各自城市的象征，也是国家历史文化的重要组成部分。它们不仅是历史的见证，更是后人了解过去、研究历史文化的重要资料。保护好这些遗产，不仅能让后人更好地了解城市的历史变迁和文化积淀，更能增强城市的文化自信，为城市的未来发展提供坚实的文化基础。

第二，遗产保护有助于弘扬城市精神。城市精神是城市的灵魂，是城市居民共同的价值追求和精神寄托。遗产作为城市历史的见证，往往承载着城市的精神内涵。比如，上海的外滩建筑群见证了这座城市的开放与包容，广州的陈家祠则体现了岭南文化的精髓。保护和利用好这些遗产，可以让城市精神得以传承和发扬，激发市民的归属感和自豪感，增强城市的凝聚力，为城市的和谐发展注入强大的精神动力。

第三，遗产保护利用还能为城市经济发展注入新的活力。随着旅游业的蓬勃发展，越来越多的游客开始关注城市的文化内涵和历史底蕴。保护好并合理利用遗产资源，可以吸引更多游客前来观光旅游，促进旅游业和相关产业的发展，从而推动城市经济的繁荣。例如，西安的兵马俑、成都的熊猫基地等都成为当地的著名旅游景点，为城市的经济发展带来了巨大的推动力。同时，遗产的保护利用也可以带动相关产业的发展，如文化创意、文物复制等，为城市经济的多元化发展提供有力支持。

第四，遗产保护利用还能促进城市的可持续发展。在城市化进程不断加速的今天，如何保护好城市的历史文化遗产已成为一个亟待解决的问题。通过科学合理地保护和利用遗产，我们可以在保护历史文化的同时，实现城市的可持续发展，为城市的未来发展奠定坚实的基础。例如，许多城市在更新改造过程中，注重将遗产保护与城市规划相结合，既保留了城市的历史风貌，又满足了现代城市的发展需求，实现了历史文化与城市发展的和谐共生。

二、城市更新视角下遗产保护利用的具体策略

随着城市化进程的加速，城市更新成为不可避免的趋势。在这个过程

中，如何有效保护和利用历史遗产成为重要议题。为了更好地在城市更新中保护和利用遗产，我们需要采取一系列策略和措施。

第一，制定科学合理的保护规划是至关重要的。在城市更新规划中，遗产保护应被赋予重要地位。通过明确保护范围、目标和措施，可以确保遗产得到妥善保护。在制定规划时，应注重与城市规划、土地利用等相关规划的协调与整合，形成合力，推动城市整体协调发展。这不仅可以提升城市的整体品质，还可以为市民创造更加宜居的环境。

第二，加强法律法规建设是保护遗产的重要保障。完善遗产保护法律法规体系，明确各方责任和义务，加大对违法行为的处罚力度，可以为遗产保护提供有力的法律支撑。同时，提高法律法规的执行力度，确保各项保护措施落到实处，是保护遗产的关键。只有让法律法规真正发挥作用，才能有效遏制破坏遗产的行为。

第三，推动公众参与也是遗产保护利用工作的重要环节。鼓励公众参与遗产保护利用工作，不仅可以增强市民的遗产保护意识，还可以提高遗产保护的社会认可度。通过举办讲座、展览等活动，普及遗产保护知识，提高市民的文化素养，可以让更多的人参与到遗产保护工作中来。同时，建立遗产保护志愿者组织，吸引更多志愿者参与遗产保护工作，可以形成更加广泛的社会力量。在保护遗产的基础上，合理利用遗产资源也是推动城市发展的重要途径。通过开发文化创意产品、举办文化活动等方式，可以将遗产的文化价值转化为经济价值，实现遗产保护与经济发展的双赢。这不仅可以为城市带来经济效益，还可以推动文化产业的发展，提升城市的文化软实力。

第四，强化国际合作与交流也是提升我国遗产保护利用水平的重要途径。加强与国际遗产保护组织的合作与交流，学习借鉴国际先进经验和技术手段，可以提高我国遗产保护利用水平。同时，积极参与国际遗产保护项目，展示我国遗产保护成果，可以提升我国在国际舞台上的影响力，这不仅可以为我国遗产保护事业赢得更多的支持和资源，还可以为我国的国际形象增光添彩。

第七章　城市更新视角下的城市设计实践

城市更新是城市发展过程中的一个重要环节，它涉及对城市空间、功能、环境和社会结构的重新调整和优化。城市设计实践在城市更新中扮演着关键角色，旨在提升城市品质、增强城市活力、改善居民生活质量，并促进可持续发展。以下是探讨实际的城市更新项目案例，展示了城市设计实践在不同背景下的应用。

一、上海新天地

上海新天地项目是一个成功将传统石库门建筑风格与现代化商业设施相融合的典型案例。在项目改造过程中，设计团队充分保留了原有的石库门建筑，同时巧妙地融入了现代商业和餐饮设施，实现了历史文脉的保护和新旧功能的有机融合。

项目位于上海市中心区域，占地约3公顷。在改造过程中，保留了66栋石库门建筑，同时引入了全新的商业设施，包括餐饮、零售、文化娱乐等业态。设计团队通过创新的设计手法，将传统与现代完美结合，使新天地成为一个兼具历史底蕴和时尚活力的城市空间。

新天地的成功实践，为我国城市更新和历史文化保护提供了有益的借鉴。它不仅成功保留了石库门这一独特的历史文化遗产，也实现了区域的商业化升级，带动了周边地区的发展。新天地现已成为上海的一个热门旅游和社交目的地，为城市注入了新的活力。这一成功案例充分证明了在城市更新过程中，合理处理历史文化保护与现代功能需求之间的关系，是实现城市可持续发展的重要途径。

二、纽约高线公园

城市更新作为一种城市规划和设计的重要策略，旨在将现有城市空间进行改造和再利用，来提升城市环境质量，增强城市功能和促进社会经济发展。在这一过程中，纽约高线公园（The High Line）作为一个全球知名的城市更新项目，不仅展示了城市更新的潜力，也为其他城市提供了宝贵的经验和启示。

纽约高线公园的前身，即高线铁路（The High Line），是一条始建于20世纪30年代的高架铁路线，其主要功能是将肉类和其他货物从曼哈顿西侧的工厂运送到市中心的市场。随着时间的推移，随着运输方式的变化和城市结构的调整，这条铁路线的使用频率逐渐下降，最终在80年代停止运营。废弃的铁路线成为了城市中的一道伤疤，不仅影响了城市景观，也浪费了宝贵的城市空间资源。

高线公园的成功在很大程度上归功于社区的广泛参与和支持。在项目初期，当地居民和商业团体对铁路线的拆除或保留持有不同意见。通过公开会议、展览和社区讨论，设计团队收集了公众的意见，并在设计中充分考虑了社区的需求和期望。这种开放和包容的参与过程不仅增强了社区对项目的认同感，也为公园的长期成功奠定了坚实的基础。

高线公园的建成不仅改变了纽约市的天际线，还对城市景观产生了深远影响。公园的线性布局和垂直绿化为城市带来了新的视角和体验，成为城市中的一条绿色走廊。高线公园的建设还促进了周边区域的复兴，带动了房地产和商业的发展，提升了整个社区的活力和价值。

三、伦敦国王十字区

伦敦国王十字区的城市更新项目不仅是对该区域物理空间的重塑，更是对城市功能、社会结构和经济活力的全面复兴。这一项目的成功实施，标志着一个从工业废弃地到现代城市核心区的华丽转变，为全球城市更新提供了宝贵的经验和启示。

在国王十字区的更新过程中，历史建筑的修复和再利用是项目的重要组成部分。通过对国王十字火车站等标志性建筑的精心修复，不仅保留了区域的历史记忆和文化特色，还为其赋予了新的功能和活力。这种对历史遗产的尊重和创新性再利用，展现了城市更新项目对历史连续性的重视，同时也为城市增添了独特的文化魅力。

国王十字区的更新项目中，新建住宅和办公楼的建设是推动区域转型的关键。这些现代化的建筑不仅提供了高品质的居住和工作空间，还通过引入多样化的商业和服务设施，增强了区域的经济活力。新旧建筑的和谐共存，不仅提升了城市景观，也为居民和工作者提供了一个充满活力和便利的生活环境。

四、柏林波茨坦广场

柏林波茨坦广场的更新代表了柏林墙倒塌后城市重建的一个里程碑。这个项目以大规模的城市设计和规划为基础，成功地将一个曾经的城市断裂带转变为一个多功能的城市中心。

波茨坦广场位于柏林市中心，是东西柏林的重要交通枢纽。在柏林墙倒塌后，该地区面临着重建的巨大挑战。波茨坦广场的更新项目通过商业、文化、住宅和办公空间的建设，以及公共空间和交通设施的优化，实现了城市的重新连接和功能的恢复。

在波茨坦广场的更新过程中，设计团队重视了城市一体化和社会融合的理念。通过重新规划交通系统，波茨坦广场成为柏林东西部之间的重要连接点。同时，广场周边的商业和文化设施的建设，还促进了不同社会群体的融合，使波茨坦广场成为一个充满活力的城市空间。

波茨坦广场的更新展示了城市设计在促进城市一体化和社会融合方面的重要作用。这个项目的成功实践为其他城市提供了一个重要的参考，即在处理城市断裂带问题时，需要综合考虑交通、商业、文化和社会因素，通过系统性的规划和设计，实现城市的有机更新和融合。

参考文献

[1] 陈烨. 城市景观环境更新的理论与方法 [M]. 南京：东南大学出版社，2013.

[2] 崔琰，房文博. 城市公共空间再生设计研究 [J]. 现代城市研究，2015（11）：1—6.

[3] 关伟锋. 城市更新与街景营造 [M]. 北京：北京工业大学出版社，2021.

[4] 黄伟. 新时期城市规划中生态城市规划设计 [J]. 工程建设与设计，2023，（18）：14.

[5] 姜杰，张晓峰，宋立焘. 城市更新与中国实践 [M]. 济南：山东大学出版社，2013.

[6] 李红霞. 当代城市规划设计简析 [J]. 城市建设理论研究（电子版），2015（23）：6616.

[7] 李佳蔚，赵颖. 当代城市环境艺术设计的系统性研究 [M]. 沈阳：沈阳出版社，2019.

[8] 李江，胡盈盈. 转型期深圳城市更新规划探索与实践 [M]. 南京：东南大学出版社，2015.

[9] 李丽萍. 城市人居环境 [M]. 北京：中国轻工业出版社，2001.

[10] 李涛. 城市更新中的城市设计路径研究 [J]. 居舍，2023（8）：93.

[11] 李文成. 数字时代城市更新及建筑设计策略 [J]. 智能城市，2023，9（10）：87.

［12］李雯蕾. 绿色生态设计在城市景观设计中的运用［J］. 明日风尚，2023（18）：139.

［13］李琰. 景观设计中软质环境的应用［J］. 大舞台，2015（11）：62－63.

［14］李中兴. 高新技术产业发展对济源城市竞争力的影响研究［D］. 西安：西北大学，2008：14.

［15］梁家琳，闫雪. 当代城市建设中的艺术设计研究［M］. 北京：中国戏剧出版社，2019.

［16］刘传军. 城市新文化景观建设浅析［J］. 四川戏剧，2013（1）：134－136.

［17］刘建. 发展休闲产业提高城市竞争力［J］. 当代经济，2008（5）：36.

［18］罗雪，凌欣辰. 基于文化遗产保护的城市景观设计策略研究［J］. 美与时代（城市版），2023（9）：95.

［19］倪炜. 公众参与下的城市更新项目决策机制研究［D］. 天津：天津大学，2017：16.

［20］任雪冰. 城市规划与设计［M］. 北京：中国建材工业出版社，2019.

［21］王建国. 城市设计［M］. 北京：中国建筑工业出版社，2009.

［22］修瑞. 浅谈城市居住区的人性化景观设计［J］. 中国包装，2015，35（3）：26.

［23］徐碧颖，王引. 城市设计的自然而然——对当代城市设计发展的思考［J］. 城乡规划，2021（6）：76－83.

［24］徐可西. 城市更新背景下的建筑拆除决策机制研究［M］. 北京：中国经济出版社，2020.

［25］徐晓燕. 以城市设计指导住区规划的思考［J］. 建筑学报，2015（11）：94－98.

［26］阳建强. 城市更新［M］. 南京：东南大学出版社，2022.

[27] 叶炯. 可持续发展的城市住区设计研究 [J]. 建筑创作, 2002 (10): 58.

[28] 叶子君, 林坚. 可持续城市更新决策支持方法研究评述 [J]. 地域研究与开发, 2020, 39 (3): 59-64.

[29] 殷乾亮. 城市居住环境景观生态设计探析 [J]. 林业经济问题, 2010, 30 (1): 79-83.

[30] 余柏椿. 城市设计目标论 [J]. 城市规划, 2004 (12): 81-82+88.

[31] 钟鑫. 当代城市设计理论及创作方法研究 [M]. 郑州: 黄河水利出版社, 2019.

[32] 周岚, 于春. 城市空间品质提升与特色塑造策略——江苏城市化转型期的文化追求 [J]. 中国名城, 2011 (10): 4-8.

[33] 周林. 城市环境中弱势空间的再生设计研究 [J]. 社会科学家, 2015 (8): 36-40.

[34] 朱光潜. 朱光潜美学文集·第三卷 [M]. 上海: 上海文艺出版社, 1983.

[35] 朱丽. 我国城市可持续发展的挑战与应对构想 [J]. 人民论坛·学术前沿, 2020 (4): 73-80.